Osprey Military New Vanguard
オスプレイ・ミリタリー・シリーズ

世界の戦車イラストレイテッド
4

Ⅲ号突撃砲短砲身型 1940-1942

[共著]
ヒラリー・ドイル×トム・イェンツ
[カラー・イラスト]
ピーター・サースン
[訳者]
富岡吉勝

STUG Ⅲ ASSAULT GUN 1940-42

Text by
Hilary Doyle and Tom Jentz
Colour Plates by
Peter Sarson

大日本絵画

目次 contents

3 — Ⅲ号突撃砲の構想（設計）と開発
design and development
設計仕様　開発過程　制式名称　車両の概要

8 — 生産と改修
production modifications
突撃砲A型　Ⅲ号戦車G型車台流用の突撃砲A型　突撃砲B型
突撃砲C型　突撃砲D型　突撃砲E型　旧型車両の改修、追加装備など

16 — 生産の経過
production history

17 — 諸性能（戦闘力）
capabilities
火力　機動力　残存性（防禦力）

21 — 運用の経過
operational history
運用（戦術）　基本原則および任務　突撃砲兵大隊および突撃（砲兵）中隊の編制　運用の要点

33 — 戦術運用
tactical employment
移動（機動）　歩兵師団内での移動（機動）　戦車師団内での移動（機動）　歩兵師団に随伴しての攻撃
戦車師団に随伴しての攻撃　師団砲兵としての攻撃　追撃では　防禦では　退却では

38 — 編制
organisation

39 — 戦闘および使用経過報告
combat and experience reports
報告書類より──突撃砲の初陣

42 — 東部戦線緒戦での成果
early success in russia
レニングラードへの道での試練

25
46 — カラー・イラスト
カラー・イラスト解説

◎著者紹介

ヒラリー・ドイル Hilary Louis Doyle
1943年生まれ。AFVに関する数多くの著作を発表。そのなかにはトム・イェンツと共著の "Encyclopedia of German Tanks"（日本語版『ジャーマン・タンクス』は小社より刊行）も含まれる。妻と3人の子供とともにダブリンに在住。

トム・イェンツ Tom Jentz
1946年生まれ。世界的に支持されているAFV研究家のひとりであり、ヒラリー・ドイルとコンビを組んだ『ジャーマン・タンクス』の著者として、とくに知られている。妻とふたりの子供とともに、メリーランドに在住。

ピーター・サースン Peter Sarson
世界でもっとも経験を積んだミリタリー・アーティストのひとりであり、英国オスプレイ社の出版物に数多くのイラストを発表。細部まで描かれた内部構造図は「世界の戦車イラストレイテッド」シリーズの特徴となっている。

III号突撃砲短砲身型
STURMGESCHÜTZ-7.5CM STURMKANONE L/24

design and development
III号突撃砲の構想(設計)と開発

　1936年、マンシュタイン(訳注1)は突撃砲兵(Sturmartillerie/シュトゥルムアーティレリー)のための戦術原案を立案した。砲6門より成る中隊群を歩兵師団に付随させるというのである。それは第一次大戦時の精鋭軽砲兵中隊群と同様に自動車化されたものだが、装甲防禦をもつことで(戦力的に)これを凌駕する。イタリアのセモヴェンテ、ハンガリーのズリーニイなど、突撃砲の模倣車両を除いては、第二次大戦時の他のいかなる国も、これに類似した装甲車両(低姿勢で適度の装甲をもつ自走式車台に限定射界の軽火砲を搭載)を製造しなかった。

　戦車擁護論者たち、とくにグデーリアン(訳注2)は、戦車(全周旋廻式の砲塔をもつもの)は突撃砲としても使用できるが、突撃砲は戦車のようには戦えないと常に主張していた。ひとつだけ、被弾率の観点からのみ低姿勢の短砲身突撃砲は戦車より有利であるとみられていたが、(戦車の)擁護論は両用途への戦車の使用の方に優先度をあたえていたのである。

設計仕様
Design Specifications

　1936年6月15日、一般軍務局監察第4課(砲兵監察課)は、次に示す仕様に合致する歩兵支援用装甲車両の設計を陸軍兵器局に委任した。

i　少なくとも75mm口径の砲を搭載する。
ii　可能なら、砲の旋廻角は30度以上とする。
iii　砲の仰角は6000mの射程を満足させ得る。
iv　砲の装甲貫徹力については、現在認知しうるあらゆる装甲厚を500mの射距離にて撃破(射貫)し得ること(フランス戦車の40mmを例とす)。
v　全周装甲防禦を要求す。車体上面は(旋廻)砲塔のない開放式。前面装甲(垂直面に対して30度角をもって設置)は2cmの徹甲弾に抗堪し得る。側面および後面は小銃および機関銃の7.92mm硬核弾芯徹甲弾に抗堪。
vi　車両の全高は直立せる人の身長を越えざること。
vii　その他の寸法は流用する戦車車台のそれを基とす。

開発過程
Development History

　陸軍兵器局は車台および上部車体の詳細設計をダイムラー=ベンツ社(Daimler-Benz A.G.)に、また砲の詳細設計をクルップ社(Friedrich Krupp A.G.)におのおの委託した。ダイムラー=ベンツはこれ以前にすでにIII号戦車用車台の詳細設計をこなしていたことがこ

訳注1：当時のドイツ陸軍参謀本部作戦部長。エーリヒ・フォン・マンシュタインは1887年に生まれ、第一次大戦でヴェルダン、ソンムの激戦を体験。ベネルクス三国およびフランス侵攻にあたって、戦車の進撃は困難と思われていたアルデンヌの森を通過する「マンシュタインの作戦」を上申し、劇的な大成功をおさめる。独ソ戦では第2軍を率いてセヴァストポリ占領、スターリングラード第6軍降伏後の状況下でのハリコフ再占領などを成し遂げた。1944年3月、ヒットラーによって職を解かれる。1973年没。

訳注2：ハインツ・グデーリアン。1882年生まれ。ドイツ陸軍戦車部隊の創始者であり、「電撃戦(Blitzkrieg)」理論の完成者。この理論を実践してポーランド、ベネルクス三国、フランス侵攻作戦で成功をおさめる。独ソ戦開戦後の1941年12月、東部戦線における失敗の責任を問われヒットラーに解任されるが、1943年2月に機甲兵総監を拝命。翌年7月のヒットラー暗殺未遂事件後、陸軍参謀総長に任命された。しかし、1945年3月、ヒットラーによってすべての職を解かれてしまった。1955年没。

Ⅲ号戦車B型の車台を使って造られた「重・対戦車砲」試作シリーズのめずらしい写真。軟鋼製の上部車体をもつこの型は5両が造られ、ユーターボクの砲兵教導連隊（ALR）で訓練用として使用された。（Chamberlain）

訳注3：山砲、歩兵砲、臼砲などの榴弾砲は砲弾の初速が小さく、砲口を出た砲弾は山型の曲射弾道を描く。これらの砲を総称して「曲射砲」という。これに対して戦車砲、対戦車砲や高射砲などの「平射砲」は、砲弾の初速が大きいため、低く伸びる弾道を描く。

訳注4：間接射撃で目標までの方位角、射距離などの射撃諸元を得る方法のひとつ。パノラマ式照準器は砲体本体とは独立して動き、対物レンズの光軸と砲軸線の角度を読む（表示する）構造になっている。そこで、目視できる仮の目標として標桿（測量のための棹）を用い、これに照準線をあわせておき、前進観測者からの射撃諸元を得て、実際の目標との方位角、射距離を算出、照準器を標桿に向けたまま砲の射向を定め砲撃する。前進観測者は射撃地域および射撃した砲弾の弾着状況を観測し、射撃諸元の修正を指示。砲側はこれを符合し、仮目標である標桿を狙った照準線をずらすことで射向の変更を行う。

訳注5：Z.W.は小隊長車＝Zugführerwagenの略。

ユーターボクにおける訓練中の1シーンで、「重・対戦車砲」試作型から乗員が跳び降りるところ。Ⅲ号戦車B型車台前面装甲板の点検用ハッチや砲周囲の装甲板形状の（のちの型との）違いに注意。（Author）

の選択の理由であった。

　クルップ社に記録されている1935/36年会計年度の年次業務報告には、突撃砲（自走砲架）用24口径（L/24）7.5cm砲の設計契約を受領とある。クルップは試作の砲1門に24000RM、同じ砲の木型4門に6000RMの値を付けている。

　1936年11月15日、突撃砲に「Pak(Sfl.)」（自走対戦車砲架）の秘匿名称があたえられた。この呼称は1937年に「Pz.Sfl.Ⅲ（s.Pak）」（Ⅲ号装甲自走砲架［重・対戦車砲］）に改称された。

　実動する試作砲1門および木製の砲4門はダイムラー＝ベンツ社が製造するⅢ号戦車B型の生産分より抽出された5両の車台に搭載された。クルップ社へは続いて試作砲5門が追加発注され、これは1938年に軍へ引き渡された。1938年に完成したこの「フェアズーフスセリー（Versuchsserie＝試作シリーズ）」の5両は（突撃砲）設計および基礎戦術教義の完成のために使用された。車体が軟鋼製だったことから、これらは実戦には投入されなかったが、乗員の訓練用としては少なくとも1941年の末までは使用されていた。

　設計原案では、この「重・対戦車砲」は天蓋のない上面開放式であった。1936年時には、上面開放式は戦術的にかなり有利であると考えられていたのである。戦車（の車内に居る）乗員にくらべて、上面開放式装甲車両の乗員は目標の発見が容易で近づいてくる車両などの音も聞き取れるというのだ。

　1939年になって、戦闘室を天蓋付きの完全掩蔽式にする決定がなされた。その理由は戦術的要求の変化にあったが、この戦術変更の本当の理由については原記録にも記述がない。天蓋の必要性はおそらく、車両が斜面を踏破するさい、小火器弾が（開放部より入り込み）戦闘室内を跳

ね廻るといったことに起因するのではないかと思われる。停止または走行中の「重・対戦車砲」の上面に迫撃砲または野砲(の曲射弾道)弾(訳注3)が命中する確率は非常に低いし、薄っぺらな天蓋では81mm迫撃砲弾や75mm高性能榴弾またはそれ以上大口径の砲弾の直撃に対する防禦力はなきに等しい。手榴弾の投擲に対しては、その当時は金網(ワイアーメッシュ)で阻止できると考えられていた。だから、そのころの(装甲)天蓋は(のちの)密閉装甲式とはほど遠く、火焰ビンの液体が戦闘室内に浸入するのを防ぐような構造にはなっていなかった。

　天蓋の最初の設計が完了したのち、「間接射撃用に改装されたし」という用兵側の要求があったために(実物の)製作に遅れが生じた。天蓋上に(頭)頂部を突き出すパノラマ式照準器の搭載に備えて、天蓋にハッチが取り付けられた。このパノラマ式照準器は(間接射撃時の)照準に際しては標桿照合方式(訳注4)を用いる。中隊射撃管制所の指揮官が目標に合致する射撃諸元を(突撃砲の)砲手に伝達するのである。この方式により砲手は直接視認できない目標をも「間接射撃」によって捕えることができた。

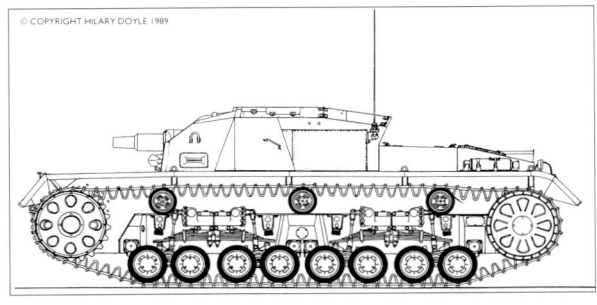

「重・対戦車砲」試作車の側面図。1/76スケール。(Author)

制式名称
Official Designations

　1940年2月7日、「重・対戦車砲」の制式名称は「7.5cm加農砲(装甲自走式)」に変更された。それからいくらも経たぬ1940年3月28日、名称は再度変更されて「シュトゥルムゲシュツ(Strumgeschütz＝突撃砲)」となったが、結局、この制式名称が終戦まで用いられた。車両の製造ナンバープレートまたは取り扱い教範(説明書)に標記されていた完全制式名称は「装甲化自走砲7.5cm加農突撃砲(Sd.Kfz.142)」(特殊車両第142号)[編注：原綴は「gepanzerte Selpstfahrlafette für Sturmgeschütz 7.5 cm Kanone (Sd.Kfz.142)」]で、略して「gp. Sfl. f. Stu. G. 7.5cm K. (Sd.Kfz.142)」とも称された。

車両の概要
General Description

　最初の量産型の車台は「5. Serie/ Z.W. (小隊長車第5シリーズ)──Ⅲ号戦車E型の秘匿名称(訳注5)──」の設計案をもとに設計された。量産第1シリーズの突撃砲用として特別に設計された車体の構成部品類は次のとおりである。
■車体装甲(図面／部品番号021St33901)；
■油圧補助式操向機(021St33932)；
■操縦席(021St33933)；
■ブレーキ用換気(021St33934)；
■履帯ブレーキ(021St33937)；
■最終減速機(021St33938 および 39)。
　このほかの構成部品の設計はZ.W.5シリーズ用の図面／部品番号021St9203から021St9253シリーズのものがそのまま流用された。
　車体を構成する装甲板は操縦手前面が(垂直

初期のⅢ号戦車B型車台をベースにした試作型をうしろから写す。1940年時の訓練中の写真で、特製の半装軌弾薬車Sd.Kfz.252から「重・対戦車砲」へ弾薬を補給しているところ。弾薬車の後部泥除けにALRの標識がみえる。(Author)

突撃砲A型の第1号車は1940年1月、ベルリンのダイムラー=ベンツ第40工場から引き渡された。この斜め前方からの写真では、幅の狭い履帯と転輪がよくわかる。A型第1シリーズの発注分30両は1940年6月までには生産を完了している。(National Archives)

面に対して、以下同)9度、車体前面が50度および20度の傾斜角で厚さは50mm、車体側面および戦闘室側面はともに0度で厚さ30mm、車体後部が10度および30度で厚さはやはり30mm、戦闘室天蓋が77〜90度で10mm、車体後部上面は80〜87度で16mm、底面が90度で15mm厚であった。大型の砲防楯は50mm厚、砲の駐退復座器の装甲カバーも50mm厚であった。さらに傾斜角30度の9mm厚装甲板が上部車体(戦闘室)両側壁外側に追加装備(ボルト止め)された。この間隔式装甲についてだが、これは成形炸薬の爆発効果を利用した装甲破壊用砲弾類(いわゆるバズーカ砲弾など)に対する防禦方法として(間隔式装甲が)考案されるよりはるかに以前の装備である。したがって、この間隔式装甲は1936年初めのころにフランスで使用されたタングステン弾体弾(訳注6)の存在をドイツが知り、これを無力化する手段として採用したものとみるべきだろう。

　乗降用のハッチは砲手、装塡手および車長の位置の真上の天蓋に、おのおののそれが取り付けられた。操縦手が脱出するさいには車体前部上面の操向ブレーキ用点検用ハッチを利用する。この2枚組点検ハッチは左右同一サイズの両開き式で、III号戦車の前後ヒンジのそれと異なり横ヒンジを採用していた。

　操縦手は(戦闘室)前面装甲板に取り付けられた装甲シャッター付展望孔を使用する。この装甲シャッターを閉じた場合には(折り畳み格納の)KFF.2 双眼式ペリスコープにより前方の視界を確保する。操縦手左側の側壁には固定式の装甲覘視孔が設けられているが、車体の右側面に関してはまったくの死角となる。

　砲手の視界は戦闘室前面の開口部からペリスコープ式照準器Sfl.Z.F.を通してみえるものだけだが、照準器と装甲板開口部のすき間からほんのわずかながら横方向もみえる。車長用としてはSF.14Z型カニ目鏡(砲隊鏡)が用意されており、これは開いたハッチから突き出して使用する。このSF.14Zの取付架は未使用時には折り畳まれ眼鏡部は左内壁の止メ帯(ストラップ)で固定される。装塡手用の外部視察装置はない。総じて、全員が車内の配置に着いた場合、乗員の視野はかなり限定されたものとなる。

　車長用の座席(脚部)にはスプリングが内蔵されていて高低の調節が可能であり、これは足踏みペダルの操作で位置を固定できた。座席を高位置にすれば天蓋上に頭を出しての索敵が、また低位置では砲隊鏡を使い車内に身を隠しての視察が行えた。装塡手席は右内壁にヒンジ止めされており、未使用時は折り畳まれる。砲手席は砲架台座に取り付けられていた。

　主武装は24口径(訳注7)の7.5cm加農砲で、これはもともとはIV号戦車用に設計された24

右頁上●突撃砲A型の左側面。(National Archives)

右頁中●突撃砲A型の左斜め後面。(National Archives)

右頁下●突撃砲A型の右側面。(National Archives)

訳注6:フランス軍は1934年に制式化した25mm対戦車砲の弱威力(貫通力)を補うため、旧ドイツ軍の対戦車銃弾と同じようなタングステン鋼製の徹甲弾を採用した。これは弾丸本体がタングステン製で、のちの減口径弾のタングステン弾芯とはちょっと構造が異なる。

訳注7:砲身の長さを示す「口径長」のこと。この場合は砲身がその内径(口径)の24倍の長さであることをあらわす。

訳注8:砲身の後蓋(ブタ)が鎖栓。かんぬき式の構造で横にスライドするのが水平式、縦にスライド開閉するのが垂直式。狭い戦車内では後者の方が場所をとらない。

口径7.5cm戦車砲を改造したものであった。電気式撃発装置および半自動の垂直式鎖栓(訳注8)は母体の戦車砲と同型式で、砲身と閉鎖器および弾薬はすべて戦車砲と同一だが、それ以外に類似点はない。

砲架(および台座)は揺架、砲防楯および砲耳部の組み付けられた頑丈な箱型フレームよりなる。砲の操作は手動式で仰角は20度、俯角10度、左右の方向射界はおのおの12度であった。

主砲弾薬は総計44発積載でこれらは即着脱式クリップとヒンジ式ハッチの付いた鉄板製弾薬箱に格納された。砲の右側、装填手前面の箱に計32発、戦闘室後壁前の箱に12発の配置である。

このほか、副武装としては乗員用に機関短銃2挺があり、1銃につき192発の弾丸を積む。後部弾薬箱内には柄付手榴弾12発を収納。車体後端装甲板には発煙筒の入ったケースを装着、このケース内の5本の発煙筒は必要に応じて戦闘室内よりのリモコン操作で着火できた。

当初、突撃砲は車内通話器の付いていない受信用超短波無線機だけを搭載していた。ヘッドホーンは車長のみの装備で砲員たちへの命令伝達は通常の牽引式砲兵と同様にラウドスピーカーによって行われた。このスピーカーは砲手の左前側に取り付けられていた。車長と操縦手の通話手段には両端が漏斗状になっている伝声管が使用された。

履帯を駆動する動力源は高性能のマイバッハHL120TRM 12気筒ガソリンエンジン。毎分2600回転265PS(メートル馬力)の出力は10段ギアのマイバッハ・ヴァリオレクスSRG 328 145変速機を経て遊星ギア式操向機から最終減速機を通り起動輪へと伝達される。20.7t(メートルトン)の戦闘重量(全備)は単体横置きトーションバーを緩衝装置として、2枚1組直径520mmのゴムタイヤ付き転輪(車体)片側各6組に分散される。乾式(訳注9)のKgs 6111/380/120型履帯(訳注10)による接地厚は0.9kg/cm²とわりあいに高い値であった。

production modifications
生産と改修

長期にわたって生産が続けられたドイツ製装甲車両のどれもがそうであったように、改修や仕様変更は各型式の制式化以前に行われるのが常であった。だから、同型式の突撃砲の全部がまったく同一の仕様や外観をもっているのであろう、との予測は正しくない。外形形状が寸分たりとも違わない突撃砲C型とD型は例外だが、その他おのおのの形式は識別可能な特徴を備えていた。

突撃砲A型　車台番号90001～90030
Sturmgeschütz Ausf.A, Fgst.Nr. 90001-90030

当初、この突撃砲にはⅢ号戦車用の伝動～変速機をそのまま流用する予定であった。ところが1両目の突撃砲(車体)にこの変速機を搭載してみると、その外殻部が砲架台座にぶつかるのがわかり、すぐに改修が行われた。突撃砲用のこのマ

右頁上●突撃砲A型の四面図。1/76スケール。転輪は38cm履帯に合わせた幅の狭いものを装着している。(Author)

右頁下●Ⅲ号戦車G型車台流用の突撃砲A型左側面図と正面図。1/76スケール。(Author)

訳注9：履帯を連結するためのピンを通してある穴にグリスを封入してあるものが湿式、穴にただの連結ピンを入れるものが乾式履帯である。

訳注10：380mm長の連結ピン止メ360mm幅履帯……訳者はこの点に疑問あり。

上●LSSAHのSS突撃砲中隊はA型第1シリーズの最後の6両を受領した。(Author)

下●突撃砲A型の第2シリーズは、なぜかⅢ号戦車G型の車台をそのまま使用して造られた。30mmしかないⅢ号戦車の前面装甲を50mm厚にするため、20mm装甲板がボルト止めされた。このシリーズの車両は車体前上部の吸気孔装甲カバー1対と、車体側面のエスケープハッチ(緊急用扉)が識別点である。(Karl Heinz Munch)

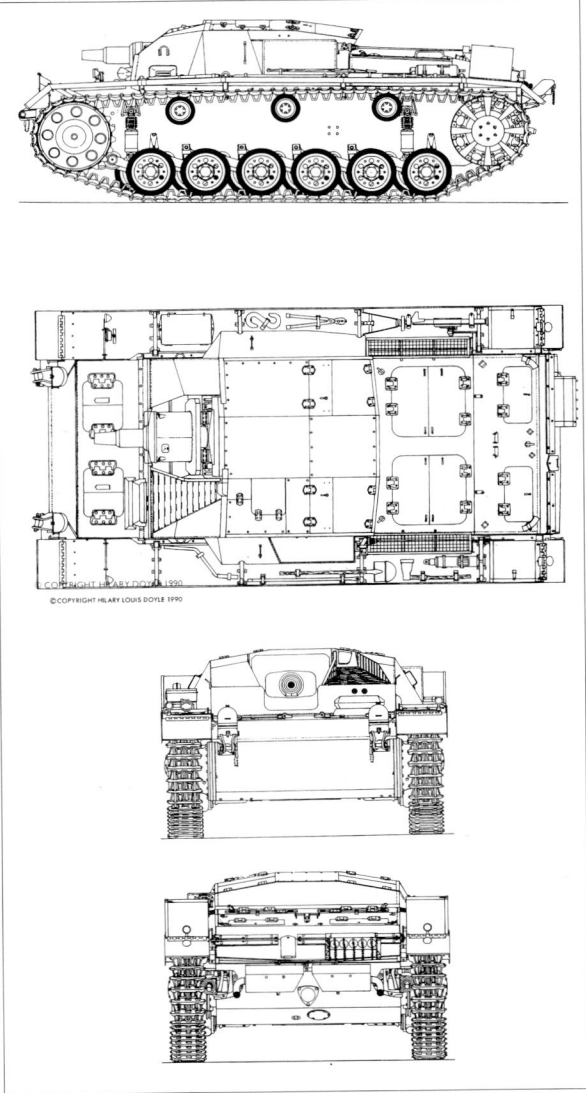

イバッハ・ヴァリオレクスSRG 328 145改型変速器は図面/部番021St33940として設計された。

量産に入ってから、左フェンダー上にノーテック（灯火管制）型ライト、車体前部にフード付前照灯、フェンダー後端部に二連光点孔式の尾灯が取り付けられた。この（特殊型式の）尾灯は夜間行軍時に適正な車間距離を保つために開発されたもので、後続車の操縦手からみて光点4個にみえたら近すぎ、2個なら適正、1個のときは離れすぎとなる。

評判の悪かった幅の狭いゴムタイヤ（520×75-397）は幅の広いもの（520×95-397）に変更された。この幅広タイヤにあわせて、転輪ハブ外周の熔接部より外側のリム幅も広げられたが、転輪の部品番号はなぜか当初のまま（021St9205）とされた。

突撃砲A型　車台番号90401〜90420
Sturmgeschütz Ausf.A, Fgst.Nr. 90401-90420

1940年6月から9月のあいだ（を記録）の公式文書によって、20両の突撃砲が標準型Z.W.6シリーズ（Ⅲ号戦車G型）の車台を使って生産されていたことが判明した。これらの上部車体（戦闘室）では、砲手上面ハッチの構成が突撃砲B型用天蓋のそれと同一の仕様になっていた。

この時期にはⅢ号戦車の車体前面装甲はまだ30mm厚のままであったが、流用された車体の前面装甲板には突撃砲の標準仕様にあわせた防禦力とするために、ボルト止めの20mm厚装甲板が追加装着された。

この仕様の突撃砲（A型）は元のⅢ号戦車G型車体の特徴をそのまま継承していた。すなわち、車体両側面の脱出用ハッチ、車体前上面の操向ブレーキ用点検ハッチ（前後ヒンジ式）、同じブレーキ用冷却気導入孔（2個）の装甲カバー──車体前部上側に装着──などがそれである。前上面左側点検ハッチの（後側）ヒンジは、操縦手用展望孔前面の防弾ブロックに干渉するため、このブロックは取り外された。車体後部上側の慣性始動装置用クランク差込孔の装甲カバー形状（上ヒンジ式）も、Ⅲ号戦車G型のそれと同一である。足まわりは狭いKgs 6111/380/120履帯用のままだが、ゴムタイヤは95mm幅のものを付けていた。

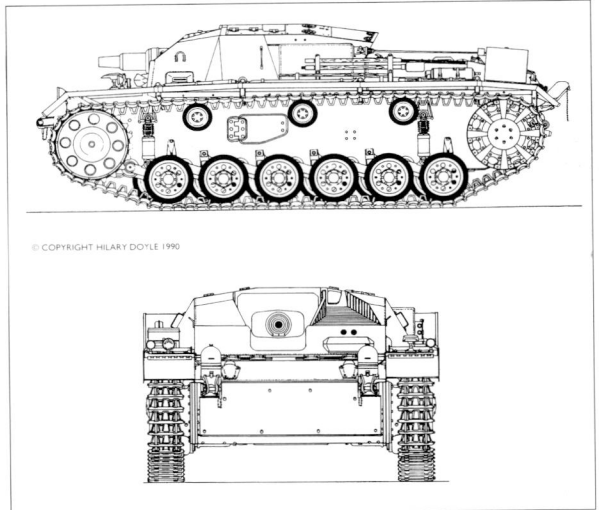

1944年2月付の「突撃砲車台(75mm)(Sd.Kfz. 142)」用制式部品型録によれば、これら20両の突撃砲はA型として分類され、90401から90500の範囲内の車台番号があたえられていた。
　Ⅲ号戦車用車体の改造にもかかわらずA型と命名された正確な根拠は、これらの車台が10速のマイバッハSRG 328 145変速機を搭載していたからである。

突撃砲B型　車台番号90101～90350 および90501～90550
Sturmgeschütz Ausf.B, Fgst.Nr. 90101-90350 and 90501-90550

　突撃砲の量産第2シリーズでは、Z.W.第7シリーズ(Ⅲ号戦車H型)車台の仕様に準ずる動力系統(伝動および駆動機構)の改修が行われた。走行系統では下部転輪用スイングアームを含む幅広の履帯(021St39002);上部転輪(021St39007);内側10mm、外側30mmの起動輪スプロケット用スペーサー;Kgs 61/400/120(訳注11)履帯(021St39010)も改修個所に含まれる。履帯のたるみ過ぎにより起動時に履帯がはね上がってフェンダー下側を破損したり巻き込んだりするのを防ぐのと、同じ理由での履帯離脱の原因を減少させるために、車体両側面最前部の上部転輪は(A型のより)さらに前方位置へ移された。

　ほかに車内の改修個所としては操向装置(021St39012);SSG 77同調機構付6段変速機(021St39013);ブレーキ用換気機構(021St39018);および履帯ブレーキ(021St39045)などが上げられる。SSG77(型)変速機の採用によってクラッチはマイバッハHL120TRMエ

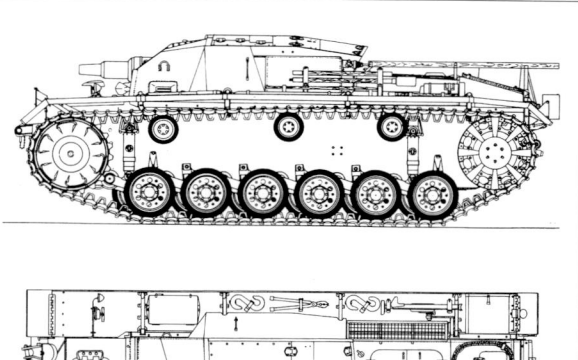

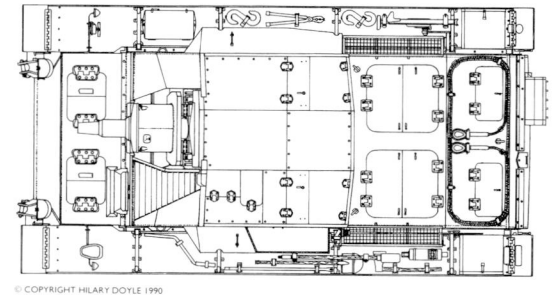
© COPYRIGHT HILARY DOYLE 1990

訳注11：400mm長のシャフト付380mm幅履帯──訳者はこの点に疑問あり。

1940年9月12日に第667突撃砲兵中隊へ引き渡された、最初の突撃砲B型のうちの1両。幅広のKgs 61/400/120に履帯が変わったため、起動輪歯車はスペーサーをはさんで取り付けられている。
(Bundesarchiv rot 79/67/8)

左頁上●突撃砲B型の左側面図と上面図。1/76スケール。40cm履帯用の新しい鋳造起動輪を装着している。(Author)

ロシアでの緒戦時、注意深く仮橋を渡る第226突撃砲大隊の突撃砲B型。A型との最大の相違は新型6段変速機の搭載にあるが、そのほかに天蓋の砲照準器用ハッチも改修されている。21頁の写真も同様だが、照準用開口部は未使用時には蓋(内側式)をできるらしい。101の車両番号は中隊長車と思われる。番号の横の絵──短砲身突撃砲──が大隊標識。40cm履帯の初期型──Kgs 61/400/120/92の形状がよくわかる。(Bundesarchiv 347 1058 32)

ンジン用のフライホイールに取り付けられた。
　車外ではフェンダー（021St39042 & 43）、後部の泥除け板、排気マフラーが変更された。突撃砲B型用として新たに設計されたのは、車体の装甲（021St33951）および油圧補力式操向器（021St33960）でそのほかの車台構成部品はA型と同じであった。
　上部車体（戦闘室）にも大きな変更はなかったが、砲手および砲照準器上面のハッチが再設計された。前側の照準器用ハッチは大きくなりヒンジも2個になったが、その直後の砲手用ハッチは小さくされて横のヒンジも1個になった。
　量産の途中から鋳造の起動輪（021St39008）が採用され、また、車体後部上側の発煙筒ラックには装甲カバーが取り付けられた。後部フェンダー上にあった雑具箱は1940年秋に廃止された。番号90321の車台からクラッチハウジング（外殻）を覆う着脱式の保護板が防火壁に取り付けられるようになった。

突撃砲C型　車台番号90551～90600
Sturmgeschütz Ausf.C, Fgst.Nr. 90551-90600

　突撃砲C型における主な変更点は新型のペリスコープ式砲照準器Sfl.Z.F.1（図番／部番021St33979）の採用と、それにともなう天蓋ハッチの改修であった。砲手上面のハッチは大型の1枚板となり、これの右側部分にはペリスコープ式照準器を天蓋上へ突き出すための切り欠き（開口部）がつけられた。上部車体前側左右の緩傾斜部分の構造も変更され、前面左側にあった直視用照準孔は廃止された。突撃砲C型用車台では車体装甲の部分的改修（021St33973）が唯一の変更点で、これには操向ブレーキ用点検ハッチ周囲のシール構造の小変更（021St33973-1）も含まれる。Z.W.7シリーズ（Ⅲ号戦車H型）用として改修された2種類の部品は、突撃砲C型（B型ではなく）で初めて使用された。上部転輪（021St39004）とオイルバス（油槽）式エンジン用エアフィルター（021St39080）がそれである。その他の車台構成部品はB型と同一であった。
　突撃砲C型が量産に入ってからの小改修として、操向ブレーキ用点検ハッチの鍵の変更がある。合い鍵式のロック1個（長方形のヒンジ付き箱型カバーで保護）は1㎝角の嵌合孔（マスターキー）鍵式ロック2個に変更された。

突撃砲D型　車台番号90601～90750
Sturmgeschütz Ausf.D, Fgst.Nr. 90601-90750

　突撃砲D型独自の改修変更個所は全部品型録に載っている構成部品でのみ識別できる。車体装甲（021St33978）および電気式警鐘（021St2304）がそれで、後者は車長から操縦手への合図用として操縦手右耳付近（の壁？）に取り付けられた。全部品用型録にはほ

第192突撃砲大隊所属車両の墓場。突撃砲B型の列のほか、弾薬車やその他装甲車両の廃体が累々と横たわる。ここはロシア軍の鹵獲兵器集積場である。（Author）

1942年2月のユーターボグにおける突撃砲C型（車台番号Nr.90555）が兵営へ入るところ。(National Archives)

上の車両と同一車両を前方からみる。新型の照準器は天蓋上へ突き出す型になり、上部車体前面装甲の構造も変更された。(National Archives)

かに変更個所は見当らないことから、D型での車体装甲の改修というのは、前面装甲が表面硬化加工仕様になったことではないかと思われる。だとすれば、この表面硬化装甲板の採用は、このD型が最初ということになる。このほかの車台構成部品はC型のままであった。
　南部ロシア、ギリシャおよび北アフリカでの使用を予定された突撃砲は、組み立て工程

機動訓練中の突撃砲E型。A～D型にみられた9mm厚の上部車体側面外側装甲板は、前面に角度の付いた30mm厚の箱型側郭に変更された。(Author)

にあるあいだに(熱帯用の)改造を施された。機関室への通気、排気量の拡大のため、機関室上面のハッチには通気口が開けられてそれに装甲カバーが装着された。また、冷却ファンの回転数も引き上げられた。

突撃砲E型　車台番号90751～91034
Sturmgeschütz Ausf.E, Fgst.Nr. 90751-91034

　突撃砲E型の改修個所では、まず車台の構成部品では操向ブレーキ用点検ハッチのヒンジが小型化された。このヒンジ(半埋込式)のため、車体前上面の装甲板(021St33982)およびハッチ自体(021St33982-1)の形状も少し変わった。新しい上部車体の側郭部(張り出し部分)にあわせてフェンダー(021St33991)形状も改修された。そのほかの車台構成部品についてはD型のままであった。

　E型における最大の改修個所は前述した上部車体の装甲側郭であった。旧型では左側だけに付けられていたそれは、E型では右側にも取り付けられ前後長も長くなったが、この改修は戦術の変更に起因するものと思われる。それまでの半装軌式装甲観測車Sd.Kfz.253に代わって、中隊長または小隊長が突撃砲自体を指揮用車両として使うようになったために、送信および受信用の無線機を搭載する場所が必要となったのである。E型では左側郭部に変圧器付の超短波受信機FuG15、右側郭にやはり変圧器付のFuG16、10ワット超短波送信・受信機が積まれた。これらはいずれも車長用の装備であったが、FuG16の調節操作は装塡手が行った。

　左側郭の残りスペースは増加した主砲弾8発用の弾庫として使われた。(E型以前の)旧型の上部車体両側に装着されていた8mm(原著のママ、実際は9mm)厚傾斜装甲板は廃止された。

　24口径75mm加農砲搭載の量産型突撃砲としては、このE型が最後の型式となった。

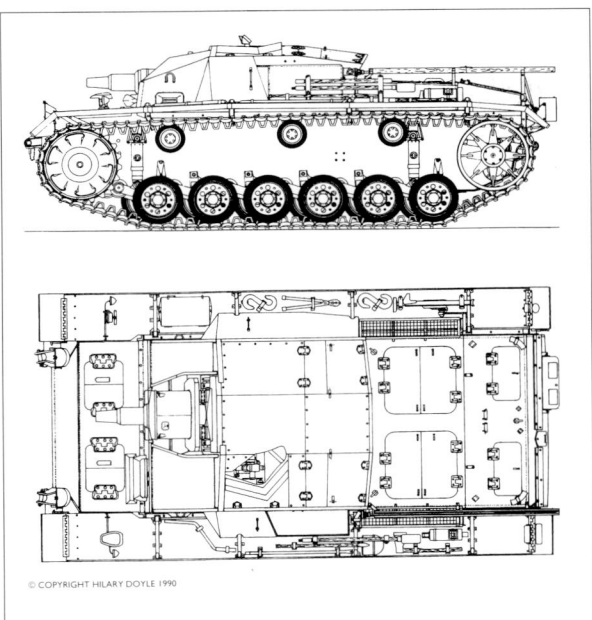
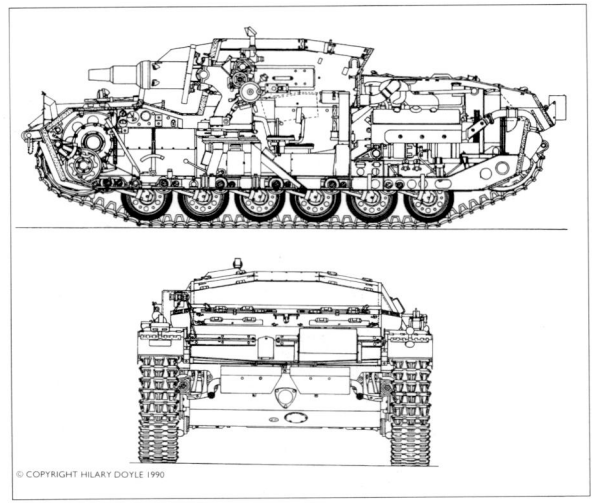
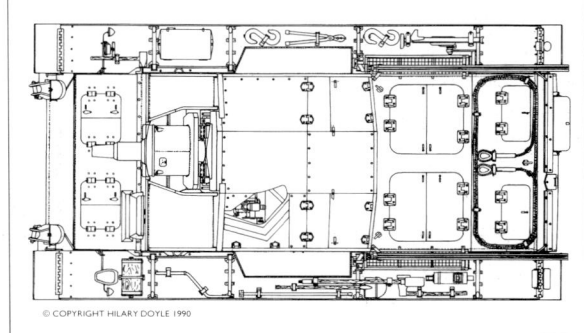

旧型車両の改修、追加装備など
Retrofitted Modifications

　1941年3月1日付の公式装備計画D652/46には、突撃砲各車両ごとに送信器および受信器両セットからなるFuG16無線機一基、イヤホーン1組およびスピーカー1個を装備すべしとある。この送信機は戦闘室の後壁、車長用座席の右側に搭載された。突撃砲が小隊または中隊長車の役割をあたえられた場合、ふたつ目の受信器セット(FuG15)が戦闘室後壁の送信機の右側に取り付けられた。車内通話器の装備はなく(車長と)操縦手との連絡には伝声管か(D型から装備された)信号用ベルが用いられた。

　突撃砲の原地(実戦部隊配備後)改修を認可する一般命令の類は非常に少ないが、以下にその数例をあげる。1941年6月7日発効の一般命令には、各中隊の7両の突撃砲はおのおの、銃弾600発付のMG34(34式機関銃)1挺を積載せよとある。ただし、当時の突撃砲にはMG34用の銃架や防弾板は装備されていなかったから、この機銃を使う場合、装填手は開いたハッチから身を乗り出して射撃を行うわけである。

　1941年9月20日付の一般命令では、車台番号90101〜90320の突撃砲はクラッチハウジング(外殻)を覆う防火壁に熔接された保護板を、着脱式のものに交換するための改造部品の使用が認められた。

　1941年12月20日付の一般命令では次のような改修が認可されている。
(1)予備履帯11枚を搭載するための鉄棒を車体前面下部へ熔接する。
(2)突撃砲(Sd.Kfz.142)AからE型の(車体)後部に冷却気排出促進用の湾曲鉄板製整流板を取り付ける。
(3)突撃砲(Sd.Kfz.142)AからE型のフェンダー上に予備転輪2個を搭載する。

　1942年1月30日付の一般命令では「熱帯」地域で使用する突撃砲の改修が認可された。すはわち、砂ぼこりなどによるエンジンの損耗を避けるため、予備(空気)フィルター代わりにいったん戦闘室を通してから通常のエアフィルターへと吸気を導くのである。

上左●突撃砲C型の左側面図と上面図。1/76スケール。(Author)

上右●突撃砲D型の側断面図と後面図。1/76スケール。(Author)

下●突撃砲E型の上面図。1/76スケール。(Author)

1942年4月7日付の一般命令では、ラジエーターの暖気を直接乗員室へ送るヒーター用の配管と格子(ルーバー)の取り付けが認可されている。

第288特殊部隊に属して北アフリカで戦った3両の突撃砲のうちの1両、D型(車台番号 Nr.90683)である。熱帯地用の車両として後部上面の点検用ハッチに装甲覆い付きの通気口を増設している。
(Tank Museum)

production history

生産の経過

車台および上部車体の設計に加えて、ダイムラー=ベンツ社は第1シリーズ30両の突撃砲の組み立て契約を受注した。このA型の第1号車は1939年12月に完成、同シリーズの生産も1940年4月には完了した。しかし、一連の問題もあって生産は(予定より)1ヵ月遅れ1940年5月と6月のフランス戦には4個中隊しか投入できなかった。

第2およびそれに続く突撃砲シリーズの組み立て契約はアルケット社(Altmärkische Kettenwerk GmbH: Alkett)が受注した。当時の記録原本でも理由がはっきりしないのだが、A型の追加生産分20両(例のⅢ号戦車G型車台流用の分)は、第1シリーズ(A型30両)と第2シリーズ(B型250両)の中間に入るかたちで生産された。

B型の追加が50両、C型でも50両のみという突撃砲増加装備分の少量単位での契約は、1940年初期のこの生産計画がそれほど長期間を見据えたものではなかったことを示している。

表1：突撃砲生産の推移

年/月	生産数	実際の配備数	車台番号
■1940年			
1月	1	0	90001
2月	3	1	90002〜90004
3月	6	0	90005〜90010
4月	10	14	90011〜90020
5月	10	10	90021〜90030
6月	12	12	90401〜90412
7月	22	22	90413〜90420、90101〜90114
8月	20	22	90115〜90134
9月	29	22	90135〜90163
10月	35	20	90164〜90198
11月	35	25	90199〜90233
12月	29	31	90234〜90262
■1941年			
1月	36	43	90263〜90298
2月	30	29	90299〜90328
3月	30	36	90329〜90350、90501〜90508
4月	47	26	90509〜90550、90551〜90555
5月	48	60	90556〜90600、90601〜90603
6月	56	42	90604〜90659
7月	34	56	90660〜90693
8月	50	44	90694〜90743
9月	38	41	90744〜90750、90751〜90781
10月	71	81	90782〜90852
11月	46	42	90853〜90898
12月	46	46	90899〜90944
■1942年			
1月	45	33	90945〜90989
2月	45	30	90990〜91034
3月	0	23	ーーーーーー

備考：車台番号90001〜90030と90401〜90420は突撃砲A型、車台番号90101〜90350と90510〜90550は突撃砲B型、車台番号90551〜90600は突撃砲C型、車台番号90601〜90750は突撃砲D型、車台番号90751〜91034は突撃砲E型。
[編注：表から1940年7月にA型とB型、1941年4月にB型とC型、1941年5月にC型とD型、1941年9月にD型とE型が同じ月内に完成していることがわかる]

左頁の突撃砲D型(車台番号Nr.90683)を斜め前方よりみる。操縦用展望孔の装甲廂(ひさし)は命中弾により吹き飛んでいる。各種の取付架(ラック)と予備転輪用固定具は部隊での装着。車体側部の吸気口上の帯環(ストラップ)は、砂塵からエンジンをまもるための増設特殊エアクリーナーの装着用。(Tank Museum)

フランスで(突撃砲の戦績から)実効性が証明されたのに続いてD型150両の契約が発注され、さらにE型500両という大量注文がこれに続いた。ただし、この契約ののち、実際に完成したE型は284両だけで、残り(契約分)は長砲身7.5cm StuK40(40式突撃加農砲)搭載型として組み立てられ、名称もF型に変更された。生産の経過を示す表1にみられる1941年9月の急激な生産減少はマイバッハHL120TRMエンジンが交換用として東部戦線へ大量に送られてしまったのが原因である。この表では翌月の増産で不足分を埋め合わせていることもわかる。

capabilities

諸性能(戦闘力)

実際の運用における装甲戦闘車両の評価は、火力の有効性、良好な機動性そして戦場における残存性という諸能力の連携によって決まる。これらからみた短砲身型突撃砲の戦闘力はどうであったろう。

火力
Firepower

主砲火力の有効性は、その徹甲弾の貫徹力、砲固有の精度、照準器の特性そして目標を迅速かつ正確に捕捉する能力等の諸点にかかっている。

装甲板貫通力に関しては表2に示す。24口径75mm突撃加農砲(Stu.K. L/24)の発射した各種徹甲弾の射距離別での貫通力試験の結果がこれで、装甲板は垂直面に対して30度の角度で後傾した状態、板厚の単位はmmで表示されている。

弾薬の積載定数は44発で、弾種別にみると12％がK.Gr.rot Pz.（二重被帽付曳火徹甲榴弾）、65％がSprenggranaten（高性能榴弾）、23％はNebelgranaten（煙弾）であった。四番目の弾種に成形炸薬弾頭(訳注12)を使ったGL.38HL（対戦車榴弾）がある。このGL.38HL（38式7.5cm成形炸薬弾）は強力な炸裂効果を発揮する徹甲弾として開発されたもので、（通常の）榴弾の代わりに携行され対戦車戦闘だけでなく軟目標(訳注13)に対する高性能榴弾としても使用された。

　GL.38HLの初期型はK.Gr.rot Pz.にくらべて命中精度が低くまた貫通後の破壊力はさらに劣っていたが（のちの）対戦車榴弾としての改良型Gr.38HL/A（38式A型7.5cm成形炸薬弾）およびHL/B（38式B型7.5cm成形炸薬弾）では、貫徹力は飛躍的に増大した。1942年に北アフリカで（英軍に）捕獲された突撃砲D型は、88発の砲弾を搭載していたが、そのうちの20発が成形炸薬弾（Gr.38HL/A）で35発が被帽徹甲弾（K.Gr.rot Pz.）であった。

　24口径75mm突撃加農砲（Stu.K. L/24）から発射される弾丸は、低初速の曲射弾道のため、至近距離の戦車のような直立目標への命中しか期待し得ない。命中精度の評価基準とされたのは相対する戦車の前面（面積）に相当する2m四方大の目標に対しての命中率（％）であった。

　次に命中精度表――命中率表（表3）――だが、これは目標までの実測距離を正確に決定したうえで、その照準点を目標の中央に置き、命中弾の分布度を算定したものである。表の第1欄で

訳注12：モンロー効果と呼ばれるジェット噴流を利用する対戦車砲弾。これは弾頭を円錐（または半球形）状に窪ませて成形した炸薬（ホローチャージ）を収めたもので、装甲板に命中爆発すると円錐の中心軸線上に超高速のジェット噴流を形成し、ごく一点に超高圧を集中することで装甲板を貫徹するという仕組み。コンクリートや鋼鉄製のトーチカを破壊するのにも使われた。ホローチャージ弾、HEAT弾ともいう。

表2：装甲板貫通力

	7.5cm被帽徹甲弾 (K.Gr.rot Pz.)	38式7.5cm成形炸薬弾 (Gr.38HL)	38式A型7.5cm成形炸薬弾 (Gr.38HL/A)	38式B型7.5cm成形炸薬弾 (Gr.38HL/B)
弾丸重量	6.8kg	4.5kg	4.4kg	4.57kg
初速	385m/sec.	452m/sec.	450m/sec.	450m/sec.
100m	41mm	45mm	70mm	75mm
500m	39mm	45mm	70mm	75mm
1000m	35mm	45mm	70mm	75mm
1500m	33mm	45mm	70mm	75mm

表3：命中率表

	7.5cm被帽徹甲弾 (K.Gr.rot Pz.)		38式7.5cm成形炸薬弾 (Gr.38HL)	
	試験時％	演習時％	試験時％	演習時％
100m	100	100	100	100
500m	100	100	100	99
1000m	98	73	92	60
1500m	74	38	61	26

左頁●第189突撃砲大隊の突撃砲D型（車台番号Nr.90630）、ロシアにて（カラーイラストCと解説を参照）。天蓋の開口部から頭部を突き出したペリスコープ（C型以降の変更点）と、車長が構える砲隊鏡を1枚で確認できるめずらしい写真。（Bundesarchiv 266 70D32）

訳注13：装甲車両や保塁などの装甲防禦をもつ目標に対し、通常の建物や車両、人員などを示す。

訳注14：ミル＝mil。円周の1/6400にあたる弧に対する中心角、砲撃の方位角の単位にも用いられる。

は管理条件下での試験射撃における着弾痕の分散度合いにより決定した命中精度（率）を示す。第2欄は実戦に則し、複数の砲、弾丸および砲手など、その多くが異なる状況下での命中精度（率）を示すものとなっている。本書に掲載した表3は、24口径75mm突撃加農砲の取扱説明書（教範）原本からの抜粋例であり、命中精度表の表記は前述の2欄の通りである。ただし、これら命中精度表の数字は実戦場での目標に対する実際の命中精度とは必ずしも一致しない。なぜなら、これら大曲射弾道の低初速弾は距離測定の誤差が大きくなる800m以上の射距離では、命中率がガタ落ちとなるからである。

　前章でも述べたが、突撃砲A型およびB型用のペリスコープ式照準器Sfl.Z.F.は、上部車体（戦闘室）前面に開口部を設けて使用した。続く突撃砲C型、D型およびE型では改良型のSfl.Z.F.1を搭載、これは天蓋の開孔部からペリスコープの頭部を突き出して使用した。照準器（眼鏡）内の目盛は4ミル（訳注14）を単位として等間隔に並ぶ7個の三角形から成る。（照準する場合）砲手は目標の光景に（照準の）障害となるものが入らないよう気をつけながら、三角形の頂点に目標を置いて狙いをつける。三角形間の間隔は移動目標の見越し射撃時に利用される。

　三角形の高さおよびミル単位間隔はまた、目標までの距離を推定するのにも役立った。K.Gr.rot Pz.（徹甲弾種）用の距離目盛は1500m以上では100-m間隔で刻まれ、また榴弾（Sprenggranaten）用の第2距離目盛は6000m以上で同様に刻まれていた。

　24口径突撃加農砲は限定旋廻式で左右各12度ずつ、合計24度しか廻らない。これ以上の方向射界を得たい場合は突撃砲自体の方向転換によった。

機動力
Mobility

　突撃砲の障害物超越力および不整地の走破力といった能力については、28-29頁図版D（透視図）内の「仕様」欄に記載する。

残存性（防禦力）
Survivability

　この項目での突撃砲の際立った特徴は、その低姿勢と（当時としては）厚い前面装甲にある。車両の側面および後面の装甲防禦は小口径の自動火器に抗堪するにすぎない。

　次頁に掲載した6車種の図表は1942年2月2日付の教範からの抜粋で、突撃砲をもってしても撃破するのが難しい敵戦車との戦闘方法（射距離）を示す。これら以外、装甲厚40mm以下の敵戦車の場合には、突撃砲は通常の戦闘距離でなら容易に対抗し撃破することができた。

　敵対する火砲が、どのくらいの距離で突撃砲の装甲を射貫できたかを示すのが表4である。前面装甲はその意図する通り、小口径の戦車砲や対戦車砲に対しては充分な防禦力をもっていた。50mm厚の表面硬化鋼板は、アメリカ製リー／グラント（M3中戦車）の搭載す

表4：突撃砲に対する連合軍各国戦車砲の装甲貫通力

	ソ連45mm砲（L/46）徹甲弾 弾丸重量1.43kg、初速760m/sec.	ソ連76.2mm砲（L/41.5）徹甲弾 弾丸重量7.6kg、初速625m/sec.	英2ポンド砲 徹甲弾 弾丸重量2.08lb、初速2600ft/sec.	米37mm M6 被帽徹甲弾 弾丸重量1.92lb、初速2600ft/sec.	米75mm M2 徹甲榴弾 弾丸重量14.72lb、初速1850ft/sec.
上部車体前面（50mm厚）	100m	2000+ m	200yds	500yds	600yds
下部車体前面（50mm厚）	100m	2000+ m	200yds	600yds	700yds
下部車体側面（30mm厚）	1500m	2000+ m	1500yds	2000yds	2000yds
下部車体後面（30mm厚）	1500m	2000+ m	1500yds	2000yds	2000yds

（＊1ydは約0.9144m、1ftは約0.3048m）

英歩兵戦車Mk.II マチルダ 26トン
26 -Tonner m.J.Pz.Kpfw. **Mk II**
(„Matilda")

英歩兵戦車Mk.III ヴァレンタイン 16トン
16 -Tonner m.J.Pz.Kpfw. **Mk III**
(„Valentine")

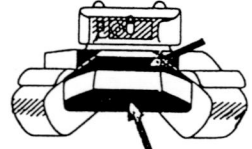

ソ連KV-1重戦車追加装甲型 44トン
44 -Tonner s.Pz.Kpfw. **KW I**
<u>verstärkt</u>

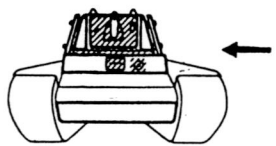

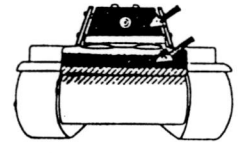

ソ連T-34中戦車 26トン
26 -Tonner m.J.Pz.Kpfw. **T 34**

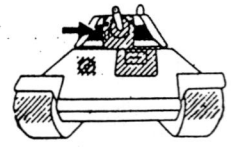

ソ連KV-1重戦車 44トン
44 -Tonner s.Pz.Kpfw. **KW I**

ソ連KV-2重戦車 52トン
52 -Tonner s.Pz.Kpfw. **KW II**

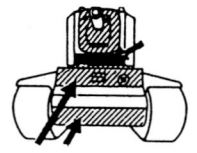

重装甲の連合軍戦車の弱点を示す図表。黒塗り部分は75mm Gr.38HL/A またはHL/B（対戦車榴弾）弾なら全射程で貫通できる。T-34の車体側面（射距離100m以内）およびマチルダの車体排土口部分（射距離300m以内）のみは24口径75mm加農砲の75mm K.Gr.rot Pz弾でも貫通できる。斜線部分に命中すれば戦車の戦闘力を殺（そ）ぐことは可能。

るM2型戦車砲から発射される75mm徹甲弾（被帽なし）にも抗堪できるほど強固であったが、ロシア製T-34およびKV-1の76.2mm徹甲弾にはさすがにかなわなかった。ただし、極端ともいえる低姿勢をもつ突撃砲は、どのような敵にとっても厄介な相手であることにかわりはなかった。

operational history
運用の経過

運用（戦術）
Tactics

『突撃砲兵用取り扱い説明書』と題された教範の第1巻は1940年5月に発行、改訂版の第2巻は1942年4月に発行された。

第1巻と第2巻の内容はほぼ同一だが、第2巻では技術の進歩にともなう新たな情報がいくつか追加された。ここでは、これら2冊の記録について両者の相違個所などに留意しながらひとつにまとめてみた。

基本原則および任務
Basic Principles and Role

「突撃砲（75mm砲搭載装甲自走砲架）は攻撃兵器である。それは車両の指向する一般方向にのみ砲火を指向し得る（限定旋廻角は24度）。装甲および不整地走破能力を具備す

この突撃砲B型は1940年10月に造られた車両（車台番号Nr.90195）で、第197突撃砲大隊に配備された。車体前上部向かって左の楯の図柄が大隊標識。両フェンダー上の車幅灯の形が11頁の車両のそれと異なることや、前面点検ハッチの片側だけを開放しているのに注意されたい。車両標識の「A」の字体もちょっと変わっていておもしろい。
（Spielberger）

Kgs 61/400/120履帯を装着した突撃砲B型。(Author)

ることにより味方歩兵または機甲部隊に何処なりとも追随し得る。

「突撃砲の主要なる任務は、その装甲、機動力、不整地走破能力そして火砲の速射性等の長所を利して歩兵の攻撃を支援するに有る。これ(突撃砲)の存在による歩兵の士気の維持は重要である。

「行進射撃は行わない。両側面(装甲)が薄く上面が開放式(訳注15)なので接近戦では損害を受けやすい。更に、狭小な地域での自己防御も不得手である。独立しての偵察行動および戦闘任務等の遂行も不適切であり、この兵器は常に歩兵の援護下になければならない。

「歩兵の攻撃を支援する場合、突撃砲は、他の兵器を以てしては迅速かつ効果的には撃破し得ない敵の歩兵用重火器と交戦する。戦車の攻撃を支援する場合はIV号戦車の役割を代行(訳注16)、前線に出現した敵の対戦車砲を撲滅する。

「時においてこれを師団砲兵として運用し得るのは、戦術と弾薬の状況が許す場合のみである。突撃砲は師団砲兵の火力計画内には包括されないが、補助用としてのみの取り扱いまたは特殊任務等(機動砲兵中隊のような)への使用は行い得る。運用に関しては常に、その主要任務を明確にすることが肝要である。

「対戦車を目的として使用すべきではないが、自衛あるいは随伴対戦車砲等が効果なき場合に限り敵戦車と交戦す可(1942年4月版の教範に曰く『突撃砲は装甲車両又は軽及び中戦車等に対しての使用にては有効なる可』)」

突撃砲兵大隊および突撃(砲兵)中隊の編制
Organisation of the Sturmartillerie-Abteiling and the Sturmbatterie

「突撃砲兵大隊は本部及び3個砲中隊より成る。砲中隊は砲6門を持つ――砲2門の小隊3

訳注15：この記述は突撃砲の実車と異っている。教範の作成は、上面開放式だった「重・対戦車砲」の原案に基づいて行われたのであろう。

訳注16：この当時、IV号戦車の役割は、主力戦車(III号戦車)に対する支援用戦車として位置づけられていた。

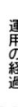
運用の経過

突撃砲B型の斜め後面。この車両はB型の後期生産型で新しい鋳造製の起動輪を装着、また、発煙筒ラックには装甲板の覆いが付けられた。
（Bundesarchiv 77 3064 4）

個（1942年4月版教範では中隊長用の砲1門を追加、1個中隊の砲数を7門としている）。中隊長及び小隊長用の指揮車には装甲車を用いる。従って指揮官は歩兵の最前線まで進出しての砲火の直接誘導が可能である」

運用の要点
Principles for Employment

「突撃砲兵大隊は高級司令部（軍団級）に所属する独立部隊である。惹起すべき戦闘に応じた指揮により、大隊または中隊の単位にて師団あるいは特別任務部隊へと配属される。

「師団長は中隊群を個別または一括して指揮下に置き、歩兵または戦車の部隊へと配備する。

「一部隊を支援する中隊群を師団内の他部隊へ配転する場合、これの実行は戦闘の進展する間、可及的かつ速かに行うを要する。中隊間の連絡は密にし、また中隊群はその任務の適時なる遂行を第一の要務とする。

「開豁地に据砲して砲撃を行う突撃砲は、可能な限り地上および空中の観察から遮蔽する。師団砲兵の一部として運用された場合のみ、これ等の砲は掩蔽陣地よりの砲撃を行い得る。

「突撃砲部隊を小単位（小隊または単車）に分割すれば火力は低下し、敵の防禦を有利にする。これが容認されるのは大隊の一括運用が不能といった特別な場合のみである。即ち、特殊突撃班の支援あるいは視界不良な地域での使用等がそれに当たる。もし、単車にて使用された場合、相互の火力支援、故障時や不整地通過時の相互援助等は不可能である。

「敵の装甲貫通兵器（対戦車砲）及び彼の地雷位置等はできる限り完全に把握せねばならない。充分なる捜索を抜きにしての性急なる使用は攻撃を危くする。時期尚早の投入も

野戦修理廠で整備中の突撃砲B型。C型量産開始後に標準装備となったSfl.ZF 1照準器を後着けしたため、照準用開口部を改造してある。(Bundesarchiv 274 452 21)

カラー・イラスト

解説は46頁から

図版A1：重・対戦車砲試作シリーズ 砲兵教導連隊（ALR）
ユーターボグ 1939年

図版A2：突撃砲A型 車台番号Nr.90001～90030シリーズ
「グロースドイチュラント」歩兵連隊第16突撃砲兵中隊

識別用文字（左）と
ALRの紋章（右）

A

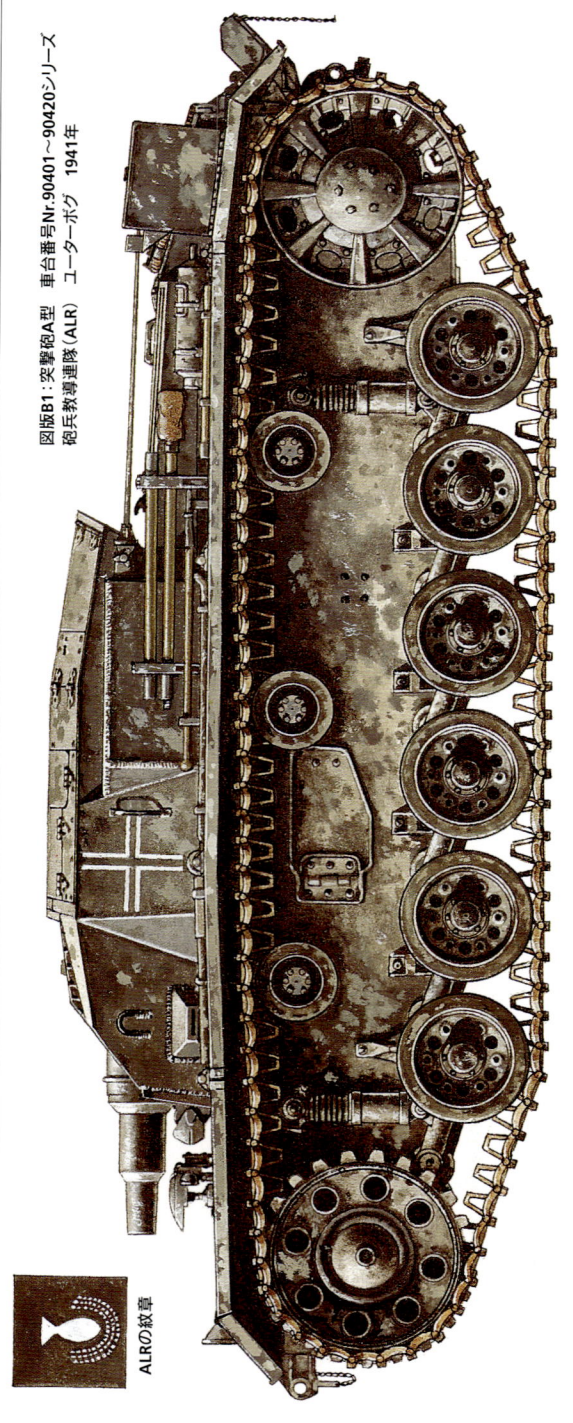

図版B1：突撃砲A型　車台番号Nr.90401〜90420シリーズ　ユーターボク　砲兵教導連隊(ALR)　1941年

ALRの紋章

図版B2：突撃砲B型　第192突撃砲大隊　ロシア　1941年

B

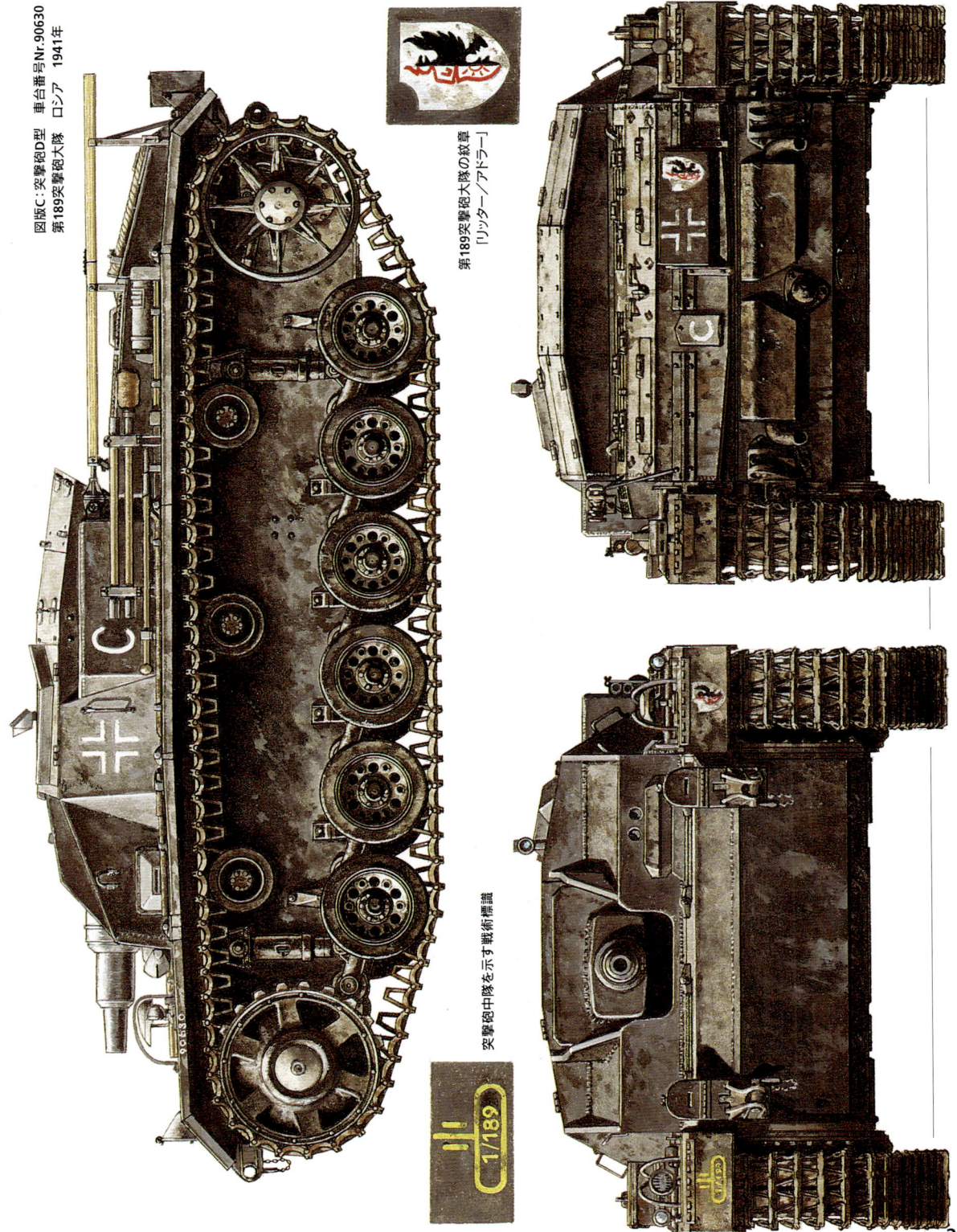

図版C：突撃砲D型　車台番号Nr.90630
第189突撃砲大隊　ロシア　1941年

第189突撃砲大隊の紋章
「リッター／アドラー」

突撃砲中隊を示す戦術標識

図版D：

突撃砲B型　第191突撃砲大隊
ロシア　1941年

各部名称
1. 前照灯装甲カバー（訳注17）
2. 操向ブレーキ点検用ハッチ
3. 警笛
4. 車幅灯
5. 24口径75mm突撃加農砲
6. 上部車体前面50mm装甲板
7. 照準器用開口部の跳弾防止用段付付壁
8. 変速機右側の主弾薬箱
9. 50mm厚の防盾
10. 上部車体の50mm装甲板主構成部
11. 砲架
12. 砲旋廻装置
13. 24口径75mm突撃加農砲の砲尾部
14. 砲手頭部用防弾板
15. 砲照準器
16. ゴム製の接眼部パッド
17. 砲の後座防危用囲い
18. 空薬莢受け
19. S.F.14Zベリスコープ用折り畳み式托架
20. 砲手席（訳注18）
21. 信号拳銃用弾薬
22. 車長用S.F.14Z砲隊鏡
23. 手榴弾（対近接戦闘用）
24. 後部弾薬箱（12発入り）
25. 装填手用ハッチ
26. 牽引ケーブル用S字型フック
27. 車長用伝声管
28. 濾過器（エアフィルター）から気化器（キャブレター）への通気管
29. 燃料用濾過器
30. 右側吸気口
31. 主燃料槽（タンク）
32. ジャッキ
33. 気化器（キャブレター）
34. 左側の機関室ハッチ
35. マイバッハHL120V型12気筒エンジン
36. 右側ラジエター
37. 部隊で装着した予備転輪
38. ファンベルトとそのプーリー（滑車）
39. 右側の点検用ハッチ
40. 左側ラジエター
41. 発煙弾発射器（訳注19）（制式仕様）
42. 牽引ケーブルの止メ金具（クリップ）
43. 部隊で装着したアンテナ用支持架
44. 左側点検用ハッチ
45. 慣性始動機用連結孔の蓋
46. 後部装甲板下側の暖気排出部
47. 折り畳み式2m棒型無線アンテナ
48. 部隊で装着した予備転輪
49. ノーテック式車間用尾灯
50. 制式仕様の誘導輪
51. 左側吸気口
52. 40cm幅履帯 Kgs 61/400/120
53. 消火器
54. 斧
55. バッテリー（蓄電池）箱
56. 520×95-397コンチネンタルタイヤ付転輪（幅広型）
57. 砲身洗桿セット
58. スコップ
59. FuG16無線機の送信用セット取付架（ラック）
60. 金てこ
61. 転輪サスアームの廻り止め（ストッパー）
62. 懸架装置のサスペンションアーム
63. FuG16無線機の受信用セットが入る車体の装甲側郭
64. 伝動機のカバー
65. 砲手席
66. 砲俯仰用の手動ハンドル
67. 鼓状距離計（間接照準用）
68. 砲旋廻用の手動ハンドル
69. 橋桁型の砲架台座
70. SSG77変速機
71. 操縦手席
72. 変速用槓杆（レバー）
73. 油圧式緩衝器
74. 右側操向レバー
75. 計器盤（大きい円形は回転計）
76. 最終伝動装置（操向変速機）
77. ノーテック式管制前照灯
78. 40cm幅帯用の鋳造起動輪
79. 操縦手脱出ハッチ兼用の操向ブレーキ点検用ハッチ
80. 50mm車体前面装甲板

訳注17：実際にはただの鉄板の覆い。
訳注18：車長席のまちがいか？
訳注19：実際は固定式の発煙筒。

仕様
最高速度：40km/h
最大路上巡航速度：25km/h
路外平均速度：10～12km/h
航続距離（路上）：155km
航続距離（路外）：95km
超壕幅：2.3m
徒渉水深：0.8m
超堤高：0.6m
登坂力：30°
地上高：0.39m
接地圧：0.9kg/c㎡
出力重量比：13.5PS/t
全長：5.40m
全幅：2.92m
全高：1.95m
戦闘重量（含乗員）：20.7t（メートルトン）
乗員数：4（車長、砲手、装填手兼無線手および操縦手）

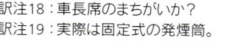

第191突撃砲大隊の紋章
「ビュッフェル」

図版E：突撃砲D型　第288特殊部隊　アフリカ　1942年

第288特殊部隊の紋章

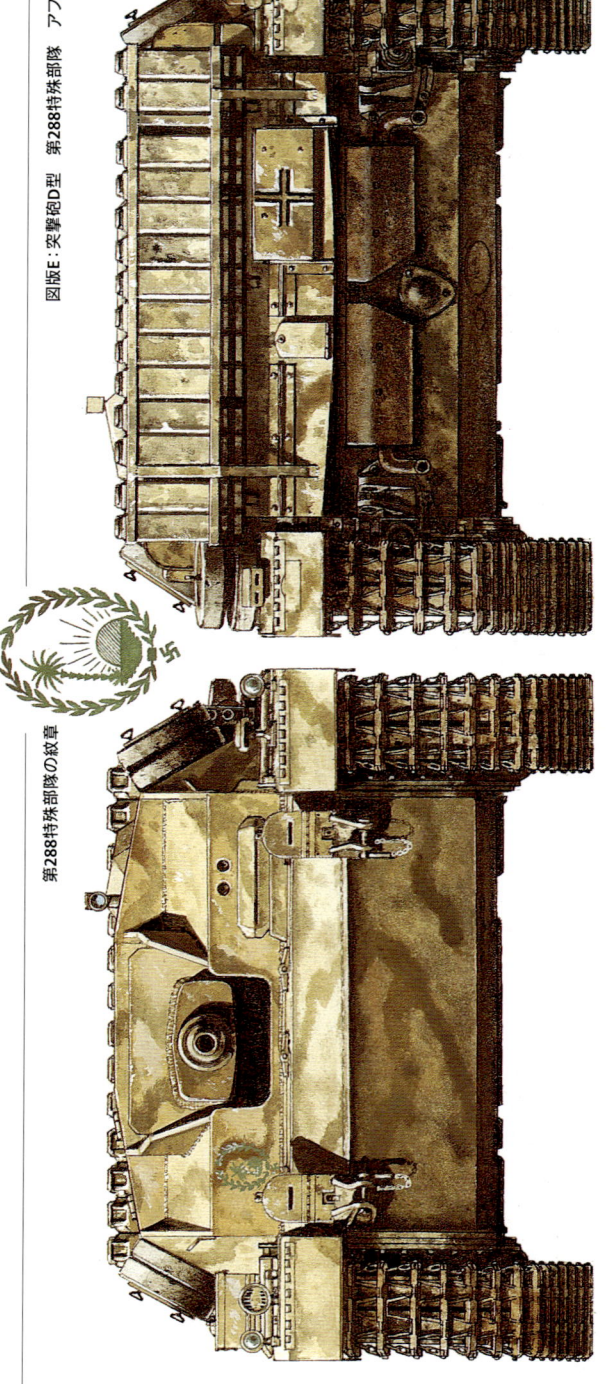

E

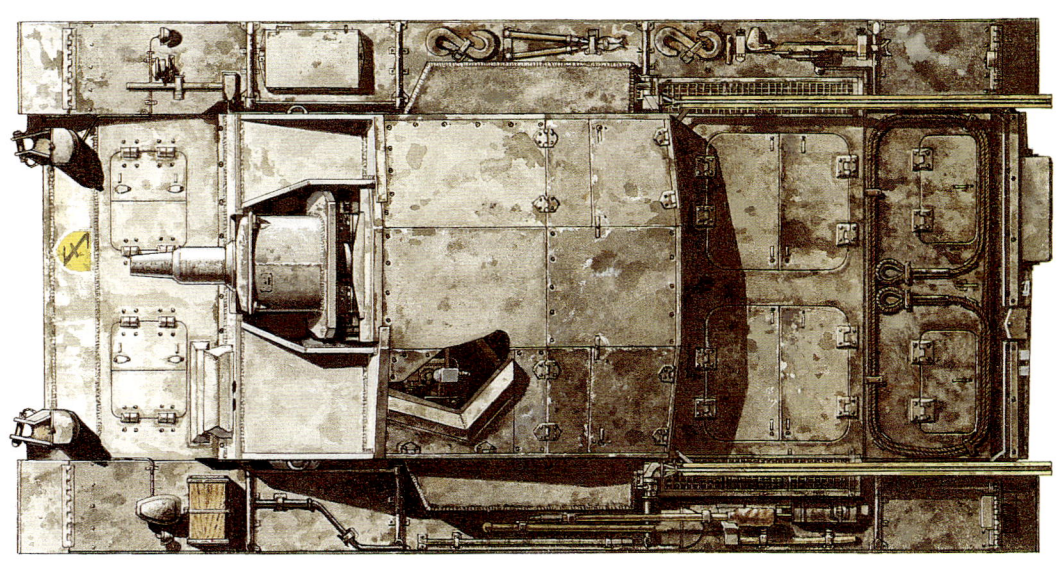

図版F：突撃砲E型　第249突撃砲大隊　ロシア　1942年

F

図版G：突撃砲E型　第197突撃砲大隊　ロシア　1942年

第197突撃砲大隊の紋章
[カノーネン・アドラー]

G

訳注20：いわゆるトーチカのことを指す。

また避けるべきである。

「戦闘終了の後、特に夜間、突撃砲を防禦任務につけてはいけない。再補給、整備及び給油のため後退を要するからである。4日乃至5日間の行動の後、これ等には充分な整備、補給作業が成されねばならない。もしこれが不可能となれば、幾両かは戦闘不能になり脱落するものも出るのは必至であろう。後方地区においては修理廠付近へ基地を置くのが肝要で、さすれば整備その他の便宜も容易に入手し得る。

「突撃砲に協力する部隊は地雷やその他の障害物の処理について、可能な限りのあらゆる（全）支援を行わねばならない。砲兵及び歩兵用重火器は敵の対機甲兵器との戦闘を支援すべきである。

「突撃砲大隊の効果的運用においては奇襲は絶対要件である。それ故、これを行う際には、砲撃位置への移動及び陣地進入を隠密裡の内に行い、通常は何ら予告なしに砲撃を開始するのが最も重要である。停止した中隊群は、その砲火を差し当たって最も危険な歩兵（特に敵の歩兵用重火器）に指向し、これの撲滅後、敵の砲撃を避け得る遮蔽地域へ後退する。

「煙弾の携行（全弾薬搭載量の23％）により、煙幕の展張とそれによる敵兵器類からの隠蔽が、例えば翼側に位置したものに対しても可能である（1942年4月版の教範には煙弾の搭載比率は10％のみと記されている）。

「突撃砲による戦車群の支援は通常、敵対する陣地への（突破）侵入後に行う。この任務の場合、突撃砲中隊はⅣ号戦車の補用として流動的に推移する戦闘状態に応じ、直接射撃を以て正面の敵の対戦車兵器に対抗する。戦車の（攻撃）第一波には密接して追随する。攻撃における両側面の敵の対戦車兵器の撲滅は往々にしてⅣ号戦車の任務となる。

「コンクリート製堡塁（訳注20）に対しては、突撃砲は徹甲弾を使用して装甲掩蓋（ケースメート）と交戦する。これ等の場合、火焔放射器を装備する突撃工兵との連携は非常に有効である。

「市街地や森林内では、突撃砲は強力かつ密接なる歩兵の支援と強固に連接し得る場合にのみ使用されるべきだが、味方部隊を危険に曝すことなく発砲するのが不可能な程に、視認性や射界の限定される場合には使用すべきではない。突撃砲は夜間の使用には適さない。雪中での使用にもまた限度がある為、いずこの敵防禦陣地とも確実に遭遇し得る行軍路を常に確保しておかなければならない」

tactical employment

戦術運用

移動（機動）
On The Move

「車両群の移動（機動）においては適切なる間隔を維持すること。何故なら、およそ25km/hの平均速度の突撃砲が歩兵師団に付随して行動する場合、跳躍前進姿勢をとらねばならぬからである。橋梁の通過は慎重なる運行（操作）の主たるものなる可。突撃砲の進路は正確に橋梁の中央線を維持、速度は8km/h以下に減じ車間距離も最低30mを保つ可。（通過し得る）橋梁は20メートルトンの過重に耐えられるものでなければならない。突撃砲の指揮官は橋梁を管理する将校の協力よろしきを得る可」

歩兵師団内での移動(機動)
In the Infantry Division

「移動(機動)する間、師団長は突撃砲兵大隊を可能な限り自己の指揮下に置き続けること。地勢や状況に応じて、師団長は(大隊が)移動(機動)する間にも、各戦闘団に1個突撃砲兵中隊の配備を為し得る。これ等兵器(突撃砲)の前衛(部隊)への分派は例外とされる。通常、突撃砲兵中隊群は前衛と主力(部隊)の中間付近に終結し、縦隊指揮官の命令系統に従属する。行軍する場合、中隊長とその要員達は縦隊指揮官に随伴する(1942年4月の教範に曰く:「突撃砲中隊を前衛の尖兵とすれば、敵の抵抗の迅速なる撲滅を確実ならしむる可」)。

戦車師団内での移動(機動)
In the Panzerdivision

「移動(機動)では、戦車師団に配属された突撃砲兵大隊は前衛内に包括された場合、最も好都合に使い得るであろう」

歩兵師団に随伴しての攻撃
In the Attack with an Infantry Division

「師団長は通常、突撃砲兵中隊を歩兵連隊に配属する。歩兵連隊の指揮下に在って命令を受領し次第、砲兵中隊長は自ら当該する歩兵連隊の指揮官に報告せばならない。これ等の両者間での徹底的な論議(敵の情勢、攻撃の為の連隊の準備、攻撃遂行への意見具申、攻撃の主要個所、師団砲兵の協力等その他)は突撃砲兵中隊の最も効果的な運用の基礎となる。

「師団砲兵あるいは歩兵用重火器(歩兵砲)が請け負うであろう任務や目標を(突撃)砲兵中隊にも割り当てるのは間違いである。突撃砲兵中隊はそれよりも、攻撃の開始以前には判らなかった抵抗拠点や開始時及び戦闘の進展時、重歩兵砲や砲兵が迅速に対応できなくなったそれ等との戦闘に投入するべきである。突撃砲兵中隊にとっては歩兵を援護して戦いながら敵の防禦地帯深く進入するのは特殊任務にあたる。従ってそれは師団砲兵や重歩兵砲の十分な支援があたえられなくなるまで行うべきではない。

「配属突撃砲兵中隊は下記のごとく運用される。
1. 攻撃開始の前には、連隊を素早く支援し得る配置に付くを第一の要務として尽力するか、または、
2. 中隊を後方に控置。攻撃の開始後、敵の配置等が明確に示された場合のみ(支援行動を)実施する。

「両状況下での突撃砲兵中隊及び同個別小隊の配属は(歩兵)大隊にはおそらく好都合であろう。

「中隊を指揮下においた指揮官は彼の命令等を砲兵中隊長へ伝達する。後者は、彼の小隊長達に特定の戦闘任務等を明示し、また可能な限り現地で対戦目標等を現認させる。戦闘行動時においては砲兵中隊長は部下小隊長達と共に常時敵情の掌握に務め、またこれより機動し攻撃する地域の偵察をも遂行せねばならない。砲兵中隊は敵への接近の際、後刻作戦行動を行うであろう戦区を小隊長達の取り決めにより配列する。中隊はこれでおのおのの援護下に戦区から戦区へと歩兵に追随し得る。あたえられた目標がいかに遠かろうとも、地勢、敵戦力及び敵の行動に対応しての砲撃の管制は、砲兵中隊長そして小隊長達にまかされる。見通しの悪い地形や敵兵器がうまく偽装した場合には、砲兵中隊長は部下小隊長達に目標の指示ができない。これ等の状況下では砲撃管制は小隊長達に

空軍部隊の脇を通り過ぎる突撃砲B型、ロシアにて。戦闘室前右側の「Lyon(リヨン；フランスの地名)」はこの車両のパーソナルネーム。
(Bundesarchiv 348 1142 3a)

任される。

「小隊は常時、最も前進、突出した歩兵小隊に協力せねばならない。小隊は歩兵に密接して同行し、最も近距離の目標等と交戦する。小隊を分割するといった問題が起きるのは、敵陣地深く入り込んで行動するような特殊任務等の為に、個別の突撃砲を歩兵中隊または小隊等に付随させる場合のみである。

「歩兵師団を支援する戦車群による攻撃の際には、突撃砲兵大隊は主に対戦車兵器と交戦する。この場合でも無論、突撃砲兵大隊は歩兵の諸部隊に配属される。戦車攻撃が開始されるかなり以前に、砲兵中隊は敵の対戦車兵器に即応し得る観測点を配置とする。戦車には小隊単位で追随するが、未捜索の地形の様な状況下等では可及的かつ速やかに各突撃砲毎に分離する。縦深攻撃では、点在する敵の抵抗等を排除し得た際には、戦車群と共同しての歩兵攻撃の先導が可能である。

「敵戦車の逆襲の場合、最初に敵の戦車群を迎撃するのは味方の対戦車砲等である。突撃砲兵大隊が相手とするのは敵戦車の逆襲を支援する敵の重火器類である。対戦車砲等の効果が不充分と判明した場合(時)のみ、突撃砲は敵戦車に対抗する。この場合には、突撃砲は敵戦車等の有効射程内まで前進して停止、対戦車用の砲弾を以てこれを駆逐する」

戦車師団に随伴しての攻撃
In the Attack with a Panzerdivision

「攻撃に出る場合、突撃砲兵大隊は下記に示すような任務を遂行する。
1. 敵の対戦車兵器を無力化することによる戦車への支援及び、または、
2. 機動(自動車化)歩兵諸部隊による攻撃の支援。

「攻撃の計画及びその状況に従って、大隊は一括または分割して戦車旅団に配属するが、

時には他部隊と共に機動（自動車化）歩兵旅団にも配属される。通常、戦車旅団内ではさらに戦車連隊への分割配備が必要とされる。

「戦車攻撃の第1段階での支援では、突撃砲中隊は概占有域（訳注21）に適切な地形があればそこで監視態勢を取る。あるいは、中隊が戦車第一波に密接して追随しすぐに敵との交戦に入った場合には、敵の対戦車兵器類を攻撃して戦車を支援する。戦車攻撃の進展において最も重要なのは、敵の防禦兵器等を可及的かつ速やかに撃破することである。先導戦車群の近接支援の根幹は、前述の任務類の遂行に他ならない。

「機動（自動車化）歩兵による攻撃の支援は、徒歩兵の攻撃支援原則に則って遂行する」

訳注21：攻撃後に奪取した敵陣地など（攻撃前は敵の占有域）。

訳注22：前進するときの勢い、速度・火力・兵力の統合力。

師団砲兵としての攻撃
In the Attack as Divisional Artillery

「師団による攻撃で、突撃砲兵大隊が師団砲兵の一部として投入されるのは例外的処置である。この役に着く場合、突撃砲中隊はその通常任務のために何時でも自由に行動し得る態勢を維持し、また、戦闘には全弾薬積載で加入せねばならない」

追撃では
In the Pursuit

「追撃において突撃砲中隊は、いかなる敵の抵抗をも迅速に破砕し得るよう、味方歩兵に密接すべし。先導する歩兵部隊への密接直協支援は前進衝力（訳注22）を増加する。時に応じては小隊単位への分割――特殊な状況下では突撃砲単車毎――も可能とされる」

防禦では
In the Defence

「防禦においては、突撃砲兵の第一の任務は反撃と逆襲突撃の支援である。集結地域は

突撃砲E型は上部車体両側の拡大された側郭部で識別されるが、ここは増設無線機の格納場所として使用された。（Bundesarchiv rot 69/89/7）

味方の戦闘陣地から十分に離れた上、当該戦区に突破の危険が迫った折りには突撃砲部隊が迅速に移動し得る場所でなくてはならない。分割及び使用法は歩兵攻撃支援の原則に従う。(任務)遂行上の要点は歩兵部隊の指揮官が反撃及び逆襲突破への配備を、可能な限り早急に準備することにある。防禦においても攻撃と同様に突撃砲兵大隊は、自身が戦車攻撃に対しての自己防衛を余儀なくされている場合でも、(他小隊の)対戦車の任務にのみ投入される(徹甲弾の搭載比率は12％に過ぎない)。(1942年4月版教範では徹甲弾のそれは15％となっている)。師団砲兵の一部として投入される場合(極まれなことだが)、大隊は師団砲兵指揮官の管轄下に置かれる。

退却では
In the Withdrawal

「退却する歩兵を支援するためには、砲兵中隊あるいは個別小隊または突撃砲は歩兵の諸隊に分割配備される。その装甲の強みにより、突撃砲は歩兵が既に撤退した後でも敵目標等との交戦が可能である。敵よりの離脱を助ける為、限定目標への戦車攻撃の遂行に当たっては突撃砲もこれを支援し得る。後衛や殿軍へ突撃砲中隊または小隊等を配属させるのも効果的である。

D型用の上部車体をもつ突撃砲E型。E型の車台番号であるNr.90773が車体前部上面に確認できる。量産を進めながらの型式変更の導入で完成した車両の代表例。

organisation

編制

　最初の部隊、第640突撃砲兵中隊は突撃砲の第1生産シリーズが工場を出る以前の、1939年11月1日にすでに立ち上げられていた［編注：突撃砲生産の推移は16頁に掲載した表1を参照］。次の2個部隊、第659および第660は1940年4月8日に創設。4番目の第665突撃砲兵中隊は1940年5月9日に創設された。1940年4月10日、第640突撃砲兵中隊は歩兵連隊「グロースドイチュラント」の固有部隊とされ、第16突撃砲兵中隊と改称された。1940年5月および6月のベルギーとフランスへの攻勢に参加した突撃砲部隊は、そのときまでに創設の間に合ったこれら4個中隊のみであった。

　突撃砲兵中隊の公式編制については1939年11月1日付のK.St.N.445（戦力定数指標表445）に詳述されている。すなわち1個砲兵中隊は6両をもち、これらは突撃砲（Sd.Kfz.142）各2両の3個小隊に分けられる。加えておのおのの独立突撃砲兵中隊は次のような装備ももつ。

・軽装甲観測車（Sd.Kfz.253）5両----小隊長および中隊長用として。
・軽装甲弾薬運搬車（Sd.Kfz.252）6両----これには装甲トレーラー（1車軸）（Sd.Anh.32/1）が付随する。
・中型人員輸送車----装甲兵車----（Sd.Kfz.251）3両：交代乗員（予備兵員）用。

　これらの支援用装甲車両の生産の遅れからⅠ号戦車（Sd.Kfz.101）、軽装甲指揮車（Sd.Kfz.265）、Ⅰ号戦車（A型）改造弾薬運搬車（Sd.Kfz.111）などの装甲車両が代役として使用された。

　第1シリーズの最終生産分6両は当初、5番目の独立中隊（1940年5月20日創設の第666突撃砲中隊）用として予定されていたが、結局、ライプシュタンダルテ（Leibstandarte=親衛旗）「アードルフ・ヒットラー」のために、1940年5月20日に創設のSS突撃砲中隊へ充当された。第666突撃砲中隊および第667突撃砲中隊（1940年7月1日に創設）にはⅢ号戦車G型用車台改装仕様の突撃砲A型が供与された。

　戦後、突撃砲中隊第666および第667はその装備する突撃砲が実戦には使えぬ代物だったために、フランスへは送られなかったのだという話が囁かれた。車体前面の増加装甲を止めるボルトが円柱形のため、被弾時にこれが戦闘室内へ銃弾のように跳び込むというのがその理由であった。が、実際には西方での作戦に参加するには、これら両突撃砲中隊への突撃砲の引き渡しが遅すぎただけのことである。増加装甲を円柱形ボルトで止めても何ら危険はなく、Ⅲ号戦車、Ⅳ号戦車および突撃砲の何種類かではごく一般的に行われており、突撃砲G型の各車では終戦までこれを続けていた。

　1940年8月10日の開始で、突撃砲兵の大隊は突撃砲各6両の中隊3個の編制となった。大隊に属する中隊の公式編制表は1940年7月7日付のK.St.N.446に拠る。独立砲兵中隊

ライプシュタンダルテSSアードルフ・ヒットラー（LSSAH）のSS突撃砲兵中隊所属の突撃砲A型。これらの車両は当初、第666突撃砲兵中隊用とされていたが、結局、SS部隊へ引き渡された。この部隊はフランスで実戦に投入されたが、本写真もその当時の撮影である。LSSAHの鍵の紋章は機関室後部装甲板の始動機用孔の蓋に、また、その左側には狼の頭の絵が描かれている。小さな白色の二重丸（第Ⅱ大隊所属の突撃砲兵中隊の印）は、車体前面右側と後部雑具箱の後面に描かれていた。（Author）

群の突撃砲数はそのままだったが、支援用装甲車両の数はSd.Kfz.253が3両、Sd.Kfz.252が3両におのおの減らされた。

　1941年2月7日付の一般命令第99号で制式名称が突撃砲兵＝大隊(Sturmartillerie-Apteilung)から突撃砲＝大隊(Sturmgeschütz-Apteilung)へと変更、また、独立砲兵中隊は突撃砲＝中隊(Sturmgeschütz-Batterie)に変更された。

　1940年8月10日から1942年1月10日のあいだに、突撃砲兵大隊18個が編成されたが、これらには1942年3月、長砲身の40式43口径(L/43 Stuk40)75mm突撃加農砲へ生産が転換される以前の24口径75mm加農砲搭載型突撃砲が(支給または)配備された。独立部隊の増加分としては第900突撃砲教導中隊(Lehr-Batterie)が編成されたほか、同様の砲兵中隊3個が「ダス・ライヒ(Das Reich)」「トーテンコプフ(Totenkopf)」および「ヴィーキング(Wiking)」の固有部隊として充当された。1941年3月1日、新設の突撃砲中隊群は特別命令により中隊長用として7両目の突撃砲の保有を認可され、また各小隊2両の突撃砲のうち1両に小隊長用として送信用無線機セットの搭載も許可された。第900突撃砲中隊創設のための1941年4月1日付特別命令ではK.St.N.445［中隊　75mm突撃砲(6門)(mot S＝機動自走)1941年2月1日付］に次のような変更が認可された。

　「軽装甲観測車(Sd.Kfz.253)の代替として、突撃砲1両(中隊長用の指揮および観測車両として)および下車した小隊長等のための側車付重自動2輪車4両；牽引車(3トン)(Sd.Kfz.11)3両の代替として中型トラック3両；牽引車(1トン)(Sd.Kfz.10)1両の代替として軽型トラック1両」

　1941年5月7日付の一般命令により、1941年2月1日付K.ST.N.445に準拠する独立突撃砲中隊各個および、1941年2月1日付K.St.N.446に準拠する大隊内の各突撃砲中隊は、1941年4月18日付K.St.N.446に従って改編された。この新編制では以前に創設された各突撃砲中隊は、中隊長用として7両目の突撃砲を保有することを認可している。こうして、全突撃砲中隊は1941年6月22日のロシアへの侵攻(「バルバロッサ」作戦)が開始される以前に、突撃砲7両の保有を認可されるに至った。ただし、これら中隊群のうちのごく一部には、この日付の時点では7番目の突撃砲を受領していないものもあった。

combat and experience reports

戦闘および使用経過報告

　ここからは、実際の戦闘において突撃砲がどのように使われていったかの概観を、突撃砲で戦った部隊での評価や考察を記述した戦闘および体験報告書を使って紹介する。これによって読者諸氏はいままでの仮説、通説、意見をして素人戦車マニアによるその他の知ったかぶりの話などの影響から解放され、突撃砲の実績に関する評価の基礎を確立するであろう。

　これらの体験報告類の原本では、読者諸氏はそれが「おきまり」の描写ではなく、かなり片寄っていることに気付かれるとおもう。ドイツ軍の報告書類のほとんどは突撃砲の改良提案や戦術変更を動機として書かれているからである。

報告書類より――突撃砲の初陣
First Sturmgeschütz in Action

　初めて実戦へ投入された突撃砲は1940年5月、「グロースドイチュラント」歩兵連隊所属の第16突撃砲中隊のそれであった。このとき「グロースドイチュラント」はグデーリアン将軍の軍団（第19戦車軍団）の麾下にあって、フランス東部セダン（スダン）の突破作戦に従事していた（訳注23）；

　「我が方の前衛は、対戦車砲2門を増加配備した自動車化（機動）小隊を尖兵としてヴァンス（ルクセンブルクの西方約30km）から西進、エターレへと向かった。尖兵の車両群がエターレへ接近すると敵の装甲自動車が出てきて遭遇戦となった。同地を確保すべく交戦するあいだ、連隊本部からヴィレルがフランス軍騎兵により占拠されているとの報告を受領、第Ⅱ大隊は早急にヴィレルを攻撃せよとの命令が下った。増え続ける抵抗に対抗しながらの3時間の前進ののち、同大隊は（ヴィレル）村の東端に到達したが、強力な敵砲火のためにそれ以上の前進を阻止された。

　「一方、突撃砲中隊を配備された第Ⅰ大隊は、その間にノイハビッヒに到着、ここで大隊長は小銃中隊（通常装備の歩兵中隊）に第Ⅱ大隊との連絡をつけるよう命令を下した。ノイハビッヒから南方へゆっくりと前進した小銃中隊はついにはヴィレルへ到達したが、やはりそこではげしい抵抗に遭遇した。ここで中隊長は後方に向かい口頭で次のように伝達した。『突撃砲中隊、第一線へ！』。

　「突撃砲中隊の第3小隊は初めての会敵をめざして猛烈な勢いで前進した。突撃砲5号車（Nr.5）と6号車（Nr.6）が先に立ち、それに続行する指揮車の砲塔上には鉄兜を被って仁王立ちとなった小隊長フランツ少尉の姿があった。

　「小隊は何の抵抗にも会わず街の中央まで進出したが、そこで重機関銃の射撃を受けた。小隊長は彼の機関短銃で応射したが突撃砲2両からの各1発でこの機関銃は沈黙した。

　「それから突撃砲第6号車が戦闘に加入、近くの建物を砲撃した。1発がフランス軍騎兵の馬数頭がいた庭園で炸裂、無傷だった馬は狂ったように走り去った。突撃砲5号車は向きを変え教会の庭に陣取った。近くの大きな建物のふたつの窓から敵の機関銃が火を吹いた。小隊長は突撃砲の車長にこの目標を射てと命令、突撃砲はまたも1発でこれらの機関銃を沈黙させた。結局、敵は大通りと街の中心部から撤退したが、機関銃による抵抗は

1940年、フランスでの作戦時に撮影された「グロースドイチュラント」歩兵連隊第16突撃砲兵中隊の突撃砲A型。この部隊はA型の最初の6両を受領していた。転輪2種類（幅の広いものと狭いもの）を混用装着しているのに注意。

訳注23：セダンの戦い。1940年、ドイツはフランス侵攻にあたって、マジノ線を西に迂回し、攻撃主力にアルデンヌの森を通過させるというマンシュタイン将軍の作戦を採用。B軍集団にベルギーを攻撃させる一方、A軍集団はアルデンヌの森林地帯を抜けて難関であるムーズ川を渡り、フランス領内をセダン、モンテルメへ突進する計画を実行にうつした。5月10日早朝、ドイツ軍はイギリスとフランスの飛行場に奇襲攻撃をかけ、B軍集団がベネルクス三国に対する侵攻作戦を開始。A軍集団は連合軍側に「戦車の通過は不可能」と信じられていたアルデンヌの森林地帯を突破し、13日早朝には、ロンメル将軍指揮下の第7戦車師団がディナンで最初にムーズ川渡河に成功。同日、グデーリアン将軍の軍団はセダンで大規模な渡河作戦を敢行する。

西の街外れで再開された。しばらくのあいだ、突撃砲をこれへ向けることが思案されたが、この抵抗は小銃兵(歩兵)と戦車猟兵(開放式戦闘室の対戦車自走砲)が他の支援なしで排除した。第II大隊は街のなかに残って夜を過ごした。野戦炊事車がやってきて兵は食事にありつき、医療班員たちは負傷者の看護にあたった。

「突撃砲の第3中隊も前線の直後で休憩の時を得て、乗員たちは車内で眠った。翌朝、突撃砲第3中隊の所属する前衛は0500時(午前5時)に行動を開始した。突撃砲はスモワ川の支流まで前進したが、そこの橋はすでに壊されていた。工兵の必死の作業にもかかわらず、橋の修理が間に合わなかったため、突撃砲は自力で徒渉した。連隊長も突撃砲中隊の弾薬車に便乗して前線へ進出してきた。

「川を渡った突撃砲はアルデンヌ森林地帯南側尾根の斜面へ通じる道路を進んだが、やがて丸太組みの道路阻塞(バリケード)が行く手を阻んだ。突撃砲第5号車の操縦手はアクセルペダルを踏む。猛烈な勢いでの体当たりに阻塞は崩れ道は開けた。その後も会敵せずに前進、前衛歩兵部隊の尖兵はムリエを抜け街の裏手にあるブナの森へと入った。森間の開拓地を通り抜けていた1030時、再度敵の抵抗に遭遇する。第I大隊は森から出たところでスクシ方面からの射撃を受けた。尖兵中隊はすばやく展開し対戦車砲小隊の支援を受けながら街(スクシ)へ向かっての前進を開始した。スクシ東側の高地上では連隊長、大隊長たちがおのおのの本部員たちとともにこの戦闘の推移を見守る。大隊の前進は街のちょうど真西を流れる小川のあたりで阻止された。指揮所での動きがあわただしくなった。重火器が呼ばれ配置と任務が指示される。連絡を受けた重歩兵砲と突撃砲も後方から接近、大隊長は素早く決断し攻撃予備の中隊を脇へ退けると、新手の攻撃にとりかかった。

「進出してから5分以内に、重火器類の射撃が始まった。この間、突撃砲中隊は第一線に在って尖兵小銃中隊の援護を続ける。小銃兵たちはゆっくりと前進して徐々に敵を圧迫、高地から右側の前線へと進撃した。ついには、突撃砲の1両は指揮所のある高地上へ進出、戦闘に加入せんとした敵の鞍馬砲兵中隊に対して、射距離800mから矢継ぎ早に11発を射ち込んだ。が、この突撃砲自体もフランス軍対戦車砲中隊の火線につかまった。

「そうこうするあいだにドイツ軍砲兵が砲火を開き、大隊もヴィエル川を渡って前進を開始した。ここでもやはり、橋はすべて壊されていたのでトラックは全部残置されたが、歩兵と突撃砲兵にとっては水流は障害にはならなかった。

「川を渡ったのち、進軍路沿いに建つ家屋からの抵抗がふたたび前進を阻止した。防禦工事で特火点(トーチカ)と化した家屋に対して突撃砲5号車が打って出る。初弾は1階左手の窓に、第2弾は屋根裏部屋の窓に命中、第3弾は家を飛び越したがちょうど退却中のフランス兵の隊列で炸裂した。1730時、この付近での敵の抵抗はすべて排除された。

「連隊を阻止せんとしたフランス軍偵察大隊は完膚なきまでに粉砕された。前進は継続されたがトラックはまだ川を渡ってこなかったので、次の15kmは徒歩で進まねばならなかった。それでも当日の目標には2100時に到達、夜のあいだにはそれを超越した。

「ヴィレルおよびスクシでの初戦で突撃砲中隊の威力は歩兵たちの心をしっかりと摑んだ。この兵器は戦闘において有効かつ適時の支援を徒歩兵たちにあたえた。また、行軍時にも軽機関銃や迫撃砲を運び、弾薬車を牽引して歩兵たちを助けたのである。翌朝、連隊はサン・メダールおよびエルブーモンを抜けて進軍。次の日(5月13日)にはベルギー領をあとにブーヨンを通って「セダンの森」へ入り、さらにその翌朝(5月14日)、セダンにおいてムーズ川を強硬渡河した。これで、接近中の戦車師団のための北方への道が開けたのである(訳注24)。

訳注24:ムーズ川を渡ったドイツ戦車軍団は、5月15日の日中には北の英仏海峡へ向けて進撃を開始。前日にはオランダが降伏しており、21日までには海岸部に達した。イギリスとフランスの連合軍はダンケルクの海岸に追いつめられて行き、連合軍は撤退のために5月27日から「ダイナモ」作戦を開始。28日にはベルギーが降伏するなかで、6月4日までにイギリス、フランス軍あわせて33万8000人あまりをダンケルクから救出した。ドイツ軍はダンケルクを獲得すると南進し、勢いを駆って6月14日にはパリへ入城。22日、フランスはドイツとの休戦協定に署名し、降伏する。25日、すべての戦闘行為は停止し、フランスの戦いはドイツの勝利に終わった。

early success in russia

東部戦線緒戦での成果

訳注25：第210突撃砲大隊第3中隊。

訳注26：ドイツ軍によるソ連侵攻計画「バルバロッサ」作戦は、1941年6月22日午前3時に発動された。空軍の奇襲により、ソ連は開戦1週間で4000機以上の航空機を失い、ドイツ地上軍の北方軍集団、中央軍集団、南方軍集団は東部方面で一斉に進撃して大包囲作戦を達成、開戦一週間で数十万人のソ連軍捕虜を得る。しかし、進軍の足並みは次第に乱れ始め、前進を続ける戦車部隊に対する歩兵部隊の遅れや補給の問題などが相次いで発生。さらに軍上層部とヒットラーのあいだで作戦遂行をめぐって方針に混乱が生じるなど、ソ連軍にこの打撃から体勢を立て直す時間をあたえてしまうことになった。

　ペリカン中尉の突撃砲中隊(訳注25)は東部での作戦開始(訳注26)から15週間で戦車91両を撃破、同23両を捕獲、トーチカ25個を潰し、補給物資積載列車10本および同貨物トラック100両以上を破壊した。ペリカンたちが赤軍戦車と最初に会敵したのは(ポーランド北東部)ビアウィストクの付近であった；
「前衛自転車中隊の尖兵を務める4両の突撃砲は、ドイツ軍側へ向かって突進してくる4両の敵戦車を認めた。突撃砲は一旦停止し乗員たちは冷静沈着に状況を確かめると砲を廃屋の裏庭へ進めた。戦車が近々20mまで近づいたとき、4両の突撃砲は一斉に砲火を開いた。短時間のはげしい砲撃戦。戦車2両は擱坐したが、残る2両は被弾炎上しながらも止まらない。ヨタヨタと走りまわりながら突撃砲の傍を通り越す。が、数百m先でついに止まった。第1戦ではやくも4両の戦車を殺ったのである。
「低地に在る村を通って前進、坂を登り切ると平地に出た。視界が開けると同時に哨戒行動中の戦車4両を発見。ソ連主力はここで我々の前進を阻止せんとしていたのだ。すでに

ロシア戦線の突撃砲D型(車台番号Nr.90869)。(Bundesarchiv rot 148 160222)

我が前衛部隊が行く手を阻まれている。あらゆる型の戦車が続々と現れ全方向から突進してくる。自転車中隊は方陣(四角の陣形)を張り突撃砲は1両ずつその面に付随して全周防禦の態勢をとった

「まるでスズメバチのように、戦車群は小さな防禦陣地の周囲に群がった。突進し、急停止して発砲する。その履帯の巻き上げる土ぼこりが厚い雲となって視界を閉ざす。突撃砲はそこから現れるものすべてに砲火を浴びせた。擱坐した戦車が列を成したが、共産主義者(ボルシェビキ)たちはさらに戦車を送り込んできた。

「我が軍は完全に包囲された。気温は上がり、耐え難い暑さ。ほこりは容赦なく目や喉に入り込む。多数の犠牲者を出しながらも、自転車兵たちが水を運んできてくれた。乗員たちは感謝しながら手や顔を冷やす。繰り返し繰り返し、ほこりの雲と燃える戦車の煙の幕から新手の戦車が現れる。ときには砲の前面、近々10mもないところで初めて気がつくこともあった。

「結局、砲撃戦は2時間も続きその後、やっと小休止がおとずれた。さすがの共産主義者(ボルシェビキ)たちもひと息つく間が必要になったのであろう。戦場を見わたすと32両の戦車が擱坐放棄されていた。このとき、増援の突撃砲中隊と高射砲中隊がやっと追及してきた。

「ソ連軍はその後も幾度となく攻撃を繰り返したが、ついには退却を強いられた。突撃砲指揮官はほっとひと息つくとともに弾薬の補給を決めた。各突撃砲とも、弾は残はすでに4発を残すのみとなっていたのである。かくして、ソ連戦車群による強襲は我が突撃砲により粉砕されたのである」

レニングラードへの道での試練 (訳注27)
Experience on the Road to Leningrad

　第185突撃砲大隊の大隊長は1941年6月22日から12月31日までのあいだの出来事を、詳しい体験報告として書き残している。以下は、この報告書からの抜粋で、内容は短砲身24口径75mm加農砲装備の突撃砲の能力と用兵法に関する通説に、多くの点で相反している;

「最新のK.St.N.に基づいての再編成の時間がなかったため、作戦の開始時における各中隊は兵員161名、突撃砲6両、装甲指揮車(Sd.Kfz.253)3両、弾薬用半装軌車(Sd.Kfz.252が3両、およびSd.Kfz.10が3両)6両、予備兵員用の3トン半装軌車3両、通信用1トン半装軌車1両、乗用車8台、トラック14台、およびサイドカー2台を含むオートバイ13台から構成されていた。

「2個の中隊は突撃砲各2両の小隊3個で編成され、3番目の中隊は突撃砲各3両の小隊2個であった。作戦の初期段階ではこの両編成は同一の成果をあげた。だが、作戦が長引くにつれて突撃砲の修理頻度が増加し、故障擱坐が毎日のことになると、2個小隊編成のほうがずっと有効になってきた。この結果、作戦の最終段階で1個小隊につき可動突撃砲が1両という場合がほとんどになると、大隊の全部がこの編成になった。2個小隊編成では装甲指揮車(Sd.Kfz.253)が中隊長用として使用できるという第二の利点もあった。なにせ、敵の砲火のなかを乗用車(オープンカー)で走ったのでは命がいくつあっても足りないのだから。

「突撃砲の乗員はふたつの点で歩兵より有利である——1)付近一帯の眺望が得やすい(突撃砲は遮蔽物の下にいる歩兵にくらべれば動く観測塔といえる)。そして2)高性能光学機器。これがあるので歩兵が最初に目標を確認し、それを突撃砲に示すという場合はめったにない。他の兵器類からの支援や特別な使用法を待たずとも、突撃砲は単独で索敵し、かつ目標の破壊が可能である。地形障害(森林、沼沢地(しょうたくち)、水路、塹壕、地雷その多)等により運用が大きく制限されるので、特殊な戦術的用途は突撃砲の負担を増し不利な状況

訳注27:独ソ戦開戦後、陸軍元帥リッター・フォン・レープ率いる北方軍集団は、その攻撃目標であるレニングラードへ向かって進撃を続け、7月中旬、ドイツ戦車部隊は目標へ130kmまで迫った。9月15日、ついにレニングラードは完全に包囲され、以降、この封鎖を破ろうとするソ連軍と枢軸軍のあいだで「900日間」の包囲戦が続くことになる。

突撃砲E型の後面。ふたつの無線アンテナに注意。
(Bundesarchiv rot 76/70/33)

訳注28：KV-1戦車のドイツ軍表記。実際にはKW-Ⅰ＝KV-1は42～44トン、KW-Ⅱ＝KV-2が52トン。

右頁下●この突撃砲はいわゆる「混血型」。上部車体はB型（90216の車台番号がみえる）だが車台は前面に30mm（訳注29）増加装甲板を熔接したF型のようにみえる。
(Tank Museum)

訳注29：これは20mmの誤りと思われる。

を招く──。(開戦から)3日目ですでに、敵は戦車を投入してきた。しかしながら、レニングラードで出現した52トン戦車（KW-Ⅰ）(訳注28)には突撃砲は常に優位を保てた。雪中で敵の地雷原を見つけだすのは非常に困難である。1両の突撃砲は敵の新型地雷を踏んで完全に大破した。車長と装填手のふたりは突撃砲から12mも吹き飛ばされて戦死、炎上する突撃砲の車内に残った他の乗員も救出する術はなかった。酷使された突撃砲に過酷な冬が追い打ちをかけて、伝動装置の損傷、全始動用機器の機能停止、トーションバー(棒ばね)の折損とへたり、履帯の破損と切断などなど、あらゆる故障が頻発した。12月10日には、大隊は条件付きで稼働し得る突撃砲5両を残すのみであった。他の突撃砲3両は故障擱坐後、敵の活動のために回収ができず捕獲されるのを恐れて爆破処分した。12月17日には大隊の可動突撃砲はついに1両になってしまった。

「1941年6月22日から12月31日までのあいだ、突撃砲9両の全損（6両は敵との交戦で破壊、3両は捕獲されぬよう爆破処分）と引き換えに第185突撃砲大隊が鹵獲または破壊したのは、中および重砲類64門、軽砲類66門、歩兵砲39門、迫撃砲34門、対戦車砲79門、高射砲等45門、機銃314挺、戦車91両、装甲自動車9両その他であった。75mm砲弾の発射数は58890発以上。弾薬の消費量が多いのは、第18軍司令官からの命令で突撃砲がその火力をもって歩兵の前進路の啓開にあたったからである」

さらに1942年2月20日から4月9日のあいだの報告書を追っていくと、第185突撃砲大隊はKW-Ⅱ戦車2両、KW-Ⅰ戦車29両およびT-34戦車27両を撃破、火砲50門以上を破壊したのに対して、突撃砲8両を全損している。これらの敵戦車は炎上または大破したのを認

訳注30：第192大隊は1942年4月には解隊消滅しているので、原著の解説には疑問がある。

ロシアでの冬に備えて白色の「ノロ」塗装を施した突撃砲E型。第192突撃砲大隊の車両である。左端のⅢ号戦車が増加装甲付きのL型なので、これは1942〜43年冬の撮影である（訳注30）。中央の小さな車両はⅡ号戦車F型。(Author)

めたものだけに限り、履帯や起動輪などの破損で擱坐したものは含まないとの主張がなされている。兵員の損失は死者11名および負傷者23名で、この期間中の弾薬消費量は榴弾（高性能榴弾）12370発、K.Gr.rot Pz（徹甲弾）5120発、およびGr.38 HL（対戦車榴弾）1360発であった。

カラー・イラスト解説 The Plates

（カラー・イラストは25-32頁に掲載）

図版A1：
「重・対戦車砲」試作シリーズ　砲兵教導連隊（ALR）
ユーターボグ　1939年

　この実験シリーズの「重・対戦車砲」5両はダイムラー＝ベンツ社から引き渡された。車台はⅢ号突撃砲B型から流用、上部車体は軟鋼製で当初は上面開放式であったが1939年に天蓋が取り付けられた。試製75mm24口径突撃加農砲はクルップ社から引き渡された。この時期の装甲車両の塗装は暗灰色RAL7021［編注：RALはドイツの産業の品質監督、基準・規格設定の業務を行うため、1925年に設立された「帝国工業規格」の略称。ドイツ陸軍が使用した多くの塗料が、RALの規格番号で管理されていた。この機関は現在も存続し、日本語名称は「ドイツ品質保証・表示協会」。なお、規格番号は1953年から段階的に改正されており、本書に記載されている分類番号は「帝国工業規格」当時のものである］と暗褐色RAL7017による不規則模様の迷彩である。これら「重・対戦車砲」は訓練用としてユーターボグの砲兵教導連隊（ALR）で1941年の末ころまで使われていたらしい。左前と右うしろの泥除け板および上部車体前面の操縦手展望孔防弾廂脇にはALRの紋章が転写されており、また、この5両はAからEまでの文字を各車の上部車体前面板左側に付けて識別用としていた。

図版A2：
突撃砲A型　車台番号Nr.90001～90030シリーズ
「グロースドイチュラント」歩兵連隊第16突撃砲兵中隊

　突撃砲の最初の部隊、第640突撃砲兵中隊は1939年11月、突撃砲A型第1号車がまだダイムラー＝ベンツ社から引き渡されぬうちに創設された。1940年4月10日、第640突撃砲兵中隊は歩兵連隊「グロースドイチュラント」の一部となり第16突撃砲兵中隊と改称された。フランスへの侵攻で「グロースドイチュラント」の突撃砲は実戦に初めて投入された突撃砲となった。この時期のドイツ装甲車両の塗装は暗灰色RAL7021と暗褐色RAL7017である。「グロースドイチュラント」の突撃砲の国籍標識「バルケンクロイツ」は黒と白で、また車両の戦術番号は白で描かれていた。1939年10月から「グロースドイチュラント」所属の他の車両は白い鉄兜の図柄を部隊章としこれを四角、円、三角、菱形で囲んでおのおの第Ⅰ、Ⅱ、Ⅲおよび第Ⅳ大隊の識別用とした。第16突撃砲兵中隊は第Ⅳ大隊の一部だが、この手の標識を付けているのがはっきりとわかる写真は（いまのところ）存在しない。

図版B1：
突撃砲A型　車台番号Nr.90401～90420シリーズ
砲兵教導連隊（ALR）　ユーターボグ　1941年

　1940年6月と7月、Ⅲ号戦車G型の車台を使用した突撃砲20両が造られた。これらは当初第666および第667突撃砲兵中隊に支給されたが、フランスへの侵攻戦には間に合わなかった。これらA型のうち、何両かはユーターボグのALRで訓練用車両として使用された。1940年6月以降、新たに生産されたドイツ軍装甲車両は暗灰色RAL7021単色の塗装となった。

図版B2：
突撃砲B型　第192突撃砲大隊　ロシア　1941年

　第192突撃砲大隊は1940年11月25日に創設された。1942年4月、第192突撃砲大隊は突撃砲大隊「グロースドイチュラント」に改称される。第192突撃砲大隊の突撃砲B型は暗灰色RAL7021の塗装であった。前後の泥除け板の外縁部は白色に塗られていた。第192突撃砲大隊の「どくろ」の紋章は長方形の黒地に黄色（何両かは地の迷彩色上に直接白色で描く）で上部車体前面右手、同左側面および後部の発煙筒ラック装甲カバーに描かれた。「バルケンクロイツ」は白枠の黒十字で上部車体右の側面に入る。突撃砲各車の識別用（車両）番号はセリフ書体（訳注31）で上部車体の両側面と前面右側および後端部装甲板に書かれていた。

図版C：
突撃砲D型　車台番号Nr.90630　第189突撃砲大隊
ロシア　1941年

　第189突撃砲大隊の創設は1941年7月9日で、実戦への投入態勢を整える期間は4週間しかなかった。1941年8月、第189突撃砲大隊は鉄道輸送でロシアへと旅立った。それからこの年の終わりまで、大隊はヴィーテブスクその後ヴィヤースマ地区での激戦を戦い抜くことになる。

　図の突撃砲D型は1941年6月、アルケット社で完成した車両。この時期のドイツ軍装甲車両の例にもれず、塗装は暗灰色RLM7021である。第189突撃砲大隊の紋章「リッター／アドラー（Ritter/Adler）」（騎士とワシを半々に組み合わせた図柄の盾）は、前左の泥除け板および後部の発煙筒ラック装甲カバーに入る。「バルケンクロイツ」は白枠のみの形。突撃砲各車の識別用文字は上部車体側面と、同後端装甲板に書かれた。突撃砲中隊を示す戦術標識は前右側の泥除けに描かれていた。

図版D：
突撃砲B型　第191突撃砲大隊　ロシア　1941年

　この半透視図は1940年10月、第191突撃砲大隊に配備された突撃砲B型を示す。外部の塗装は暗灰色RAL7021。標識類については外枠だけの「バルケンクロイツ」は白色で、上部車体の一方の（右側）側面に入る。第191突撃砲大隊の紋章----ビュッフェル（Büffel；水牛）は上部車体の左

側面、前右側の泥除け板および機関室後面の始動用クランク差込孔蓋の左側に入る。紋章の色は赤枠付の長方形黒地に赤の水牛の組み合わせ。戦術用の識別文字はこの車両の場合、白の「C」だが、これは先の差込孔蓋そのものに書かれている。突撃砲中隊の編成標識は前左側の泥除けに黄色で描かれた。戦闘室内の塗色は象牙色(アイボリー)RAL1002。無線機セットは暗灰色RAL7021、機関室内は赤RAL8012（錆止め用）のままであった。

図版E：
突撃砲D型　第288特殊部隊　アフリカ　1942年 (訳注32)

北アフリカへ送られた突撃砲はD型3両にすぎなかったが、英軍に鹵獲されたそのうちの1両（車台番号Nr.90683）が広範囲にわたって調査を受け、また、写真も多数出回った（16、17頁掲載写真の車両）ことから一躍有名になってしまった。

1941年7月にアルケット社で造られたこの車両は同年8月20日、その乗員によって接収されギリシャへと運ばれた。1942年初頭、部隊はアフリカへ移送（船舶輸送）。リビア北東部ビル・ハケイムは5月、6月はトブルク西方のアクロマそして10月はエル・アラメインで戦った。この突撃砲は「熱帯」用に改造されており、後部機関室天蓋の6枚のハッチのうち5枚に開口部が設けられていた。この孔は機関室への風通しをよくするためのもので、上面は装甲カウルで覆われている。気化器(キャブレター)への通気をさらに浄化するため、円筒形の増加エアフィルターが車体両側の主冷却用吸気口(グリル)の上におのおの1基ずつ装着された。燃料や水の缶を運ぶための架托(ラック)は部隊が自前で増設している。これらの突撃砲は熱帯地方での使用のため、1941年3月の命令——装甲車両の塗装は黄土色(ゲルプブラウン)（オリーヴブラウン）RAL8000および灰褐色(グラウブラウン)（カーキグレイ）RAL7008にする——にあわせて再塗装された。「バルケンクロイツ」は黒枠だけのものから白枠付きに変わり、車体の両側と後部の発煙筒ラック装甲カバ

ーに描かれた。緑色の月桂冠に囲まれたヤシの木と旭日が小さな鉤十字の上に重なる第288特殊部隊の紋章は、上部車体前面の右側に描かれていた。

図版F：
突撃砲E型　第249突撃砲大隊　ロシア1942年

1942年1月10日に創設の第249突撃砲大隊は、24口径75mm加農砲付突撃砲を主力装備とした最後の突撃砲大隊である。E型は1941年9月から1942年3月に次のF型と交代になるまで生産された。このE型は上部車体両側の張り出し部分が長くなったことで識別できる。第249突撃砲大隊の突撃砲E型の塗色は暗灰色RAL7021で、大隊の紋章「ヴォルフスアンゲル（Wolfsangel／狼の罠）」（盾の外縁は白で地は黄色、稲妻は黒）は、車体前部上側の装甲板と後部の発煙筒ラック装甲カバーに付く。「バルケンクロイツ」は黒十字に白枠付きで、上部車体の側面片側と後部発煙筒ラック装甲カバーに描かれている。各突撃砲の識別用文字は上部車体の両側面、前面右側および後端部に書かれていた。

図版G：
突撃砲E型　第197突撃砲大隊　ロシア　1942年

第197突撃砲大隊は1940年11月25日の創設で南部ロシアへ投入された。この時期のドイツ軍装甲車両の例にもれず、塗装は暗灰色RAL7021である。第197突撃砲大隊の紋章「カノーネン・アドラー（Kanonen Adler；大砲鷲）」（白地の盾に手榴弾を摑んだ黒色の鷲）は、車体前上面装甲板右側と後部の発煙筒用装甲収納箱に描かれる。「バルケンクロイツ」は黒十字に白枠付き。第197突撃砲大隊の突撃砲各車は通常、A、B、C方式の識別用文字を上部車体両側面と後端部に付けていたが、図示した車両の場合はこれが「Z1」に変更されている。

訳注31：上下に飾りヒゲがつく欧文の字体。

訳注32：第288は日本風にいえば独立混成部隊。1941年7月24日の創設で本来はエジプト占領後にイラク方面への急襲用として編成された部隊。本部および各種兵科8個中隊の編制だが、突撃砲は第5戦車駆逐中隊に1個小隊が配属されていた。

◎訳者紹介

富岡吉勝(とみおかよしかつ)

1944年北海道旭川市生まれ。学生時代から戦車や軍用車両、戦史に興味をもち、現在は精密なスケール模型の設計をする傍ら、戦史の研究、著述および翻訳を続けている。

訳書に『ジャーマンタンクス』『奮戦！第6戦車師団』『パンツァーフォー』『ティーガー・無敵戦車の伝説』(いずれも大日本絵画刊)などがある。

オスプレイ・ミリタリー・シリーズ
世界の戦車イラストレイテッド **4**

Ⅲ号突撃砲短砲身型 1940-1942

発行日	2000年8月　初版第1刷
著者	ヒラリー・ドイル トム・イェンツ
訳者	富岡吉勝
発行者	小川光二
発行所	株式会社大日本絵画 〒101-0054 東京都千代田区神田錦町1丁目7番地 電話:03-3294-7861
編集	株式会社アートボックス
装幀・デザイン	関口八重子
印刷/製本	大日本印刷株式会社

©1996 Osprey Publishing Limited
Printed in Japan
ISBN4-499-22724-0 C0076

STUG Ⅲ Assault Gun 1940-42
Hilary Doyle　Tom Jentz

First published in Great Britain in 1996,
by Osprey Publishing Ltd, Elms Court, Chapel Way, Botley,
Oxford, OX2 9LP. All rights reserved.
Japanese language translation ©2000 Dainippon Kaiga Co.,Ltd.